一个地球人的科学手记

赵丰 著

上海科学技术出版社

图书在版编目（ＣＩＰ）数据

一个地球人的科学手记 / 赵丰著. —— 上海 ：上海
科学技术出版社，2023.4
ISBN 978-7-5478-6086-1

Ⅰ．①一… Ⅱ．①赵… Ⅲ．①地球科学—普及读物
Ⅳ．①P-49

中国国家版本馆CIP数据核字(2023)第037298号

一个地球人的科学手记

赵 丰 著

上海世纪出版（集团）有限公司
上海 科 学 技 术 出 版 社 出版、发行
（上海市闵行区号景路159弄A座9F-10F）
邮政编码201101　www.sstp.cn
上海新华印刷有限公司印刷
开本 787×1092　1/16　印张 20　插页 8
字数 250千字
2023年4月第1版　2023年4月第1次印刷
ISBN 978-7-5478-6086-1 / N·255
定价：69.00元

本书如有缺页、错装或坏损等严重质量问题，请向印刷厂联系调换

序

    1980年代末，中国正致力于向全世界开启国门。我身为中国科学院上海天文台台长，带领了一个天文–地球动力学的科学代表团，前往美国进行学术交流。我们重点参观访问了位于华盛顿近郊的美国国家航空航天局（NASA）戈达德太空中心，并遇见了在该中心做地球物理研究的年轻的赵丰博士，他来自我国的台湾地区。我们之间长达三十年的学术交往于焉开始。

    很快我就了解到，作为一名科学工作者，赵丰除了在专业上的国际声望毋庸赘言，他对自然科学的理解和知识，可以不愧称作"学识渊博"。同样让我喜见的，是他喜欢而且善于"说故事"。在各种大大小小、正式、非正式的场合，或演讲、或上课、或访谈，他都能针对不同的听众水平、不同的议题，娓娓道出事物的前因后果、重点意义，时而穿插历史大小故事、个人遭遇，深入浅出，生动活泼。记得最近的一次，在上海天文台的大讲堂里，他向百位青年学子讲述收录在本书里的《"羿射十日"事件始末报告》。我坐在前排，回头看到的是一张张听得入迷的脸，竟没有打瞌睡的。我一生献身天文科学，推动国内的研究和教育的进步；如今欣见《一个地球人的科学手记》一书在大陆出版，为天文、地球科普添注新血新意。本书题材上天下地、丰富有趣；更重要的，是其内容的科学正确性，这当然是科普出版物必须具备的先决条件。而同时对历史的科学回顾以至科学新解，是本书的又一特色。我本人有幸认识赵丰的父母，也就了然他对历史的喜好，原来是家学渊源、其来有自，从小就养成了。他有一次对我自白：就像胡适之的名言——要怎么收获，先那么栽，说故事也就是"想要听怎么样的故事，就怎么说"。从这样的视角写成的科普书，读来定令人欣喜、耳目一新。

叶叔华

2022 年 6 月 27 日于上海

前言

　　"老赵，为我们的杂志写个地球科学的专栏吧。"老友李家维口气里带着命令。他是《科学人》杂志的总编辑。

　　如是开始了我四年不间断的《上下古今人间世》专栏。每一篇的写作，对我而言都是一次真切的学习、一份完成的喜悦。如今搁笔之际，回首把这些篇章辑成一册，另有一番小小的兴奋。

　　这些篇章，另加几篇采自我在《科学月刊》杂志的拙文，编排上重新集结，文字上更新、补正、疏顺，期使原本独立的篇章间能够相互呼应，前后思维逻辑得以连贯。

　　"科普"文章的写作，简单地说，从事的是知识的搬有运无——把从别处学来的知识，打点整理后，用自己的话重新说出来给其他的读者听，少不得的还有一番"加油添醋"。其首要之务当然是让读者看得懂、看得有兴趣；同时，在某些题材上偶有一得，例如《远古传奇：现代版》里根据古籍的科学臆测，一方面希望能得到读者的共鸣；一方面针对议题提出新的视角，抛砖引玉，虔诚地就教于各方。

　　在文字撰写上，我的理想目标是绝对不能枉费读者宝贵的阅读时间，我希望让文字里包含的知识信息量趋向最大，用尽量简洁的文字，虽不敢说是传道、授业，至少要做到解惑、达意。这里有二十多万字，我希望每一段文字都能让读者从中得到些什么。这里还有上百幅图，也都是费心挑选或绘制的。

即使是区区一科普读物，从点点滴滴的知识，而能够汇聚成册，我所需要感谢的人，包括父母、师长、家人和同事、同学、学生，真是太多太多，虽然无法细列，但你们都在字里行间。

目 录

远古传奇：现代版

1. "羿射十日"事件始末报告 003

2. 将军崖岩画：天外来客？ 010

3. 烛龙：千百代的古今奇缘 016

4. 龙：风中去来 022

   【第一幕】 画龙·话鼍 022

   【第二幕】 画"龍"·话字 027

   【第三幕】 风中的回答：The answer is blowing in the wind 032

5. 天山里的一零一夜 046

6. 浩浩神水何方来 051

7. 古案新审：大禹治水 056

8. 一代司天监，千古说梦溪 062

9. 康熙·台北·湖 068

10. 海陆之际的灾变：海啸 073

天地因缘

11. 阴错阳差　...... 081

12. 又见龙年　...... 087

13. 春日札忆：时空、阴阳、五行　...... 092

14. 地老天荒问几何　...... 098

　　【上半场】　...... 098

　　【下半场】　...... 103

15. 天旋地转寻根由　...... 108

16. 问苍茫大海何去何从：经纬之辨　...... 114

17. 问苍茫大地何去何从：方向为凭　...... 120

18. 北回归线，归去来兮　...... 125

19. 昼夜分"明"　...... 130

　　【昼篇】　...... 130

　　【夜篇】　...... 135

真情世界

20. 真戏假读——别傻了！　...... 143

21. 假戏真做——别闹了！　...... 149

22. 夏虫字典里的"冰"字：What's in a name？　...... 155

23. 本末倒置的命题 161

24. 单位计量的吊诡 166

25. 遥感：老把戏+新科技 172

26. 尺寸、维度堪讲究：Size Matters 178

27. 费曼大师的小失误 183

大地组曲

28. 自歌自舞自逍遥：地球的自转 189

　　【渐慢板的乐章】 189

　　【多姿多彩的旋舞】 195

29. 此曲只应地下有：地球的音乐 201

30. 弄假成真的旁门左道 209

31. 圣婴圣女：一样顽皮两样情 216

32. 地震！震级二三事 222

33. 地震！把地球震歪了？ 228

34. 双场记：A Tale of Two Fields 234

　　【磁场篇】 236

　　【重力场篇】 242

35. 海平面，你隐藏了多少秘密？ 247

时空奇航

36. 太空里的历史迷思：NASA和戈达德 257

37. 太空里的科幻迷思：NASA和外星人 262

38. 柳暗花明有亿村：系外行星 268

39. 咫尺天涯 273

40. "盖棺论定"航天飞机 279

41. 太空垃圾知多少 284

42. 地球的奇异小伙伴——月亮 289

43. 冰下之水、水下之火：水深火热世界 295

44. 湖：葫芦壶里"胡里胡涂"的湖 300

45. 天上人间：蓝色的弹珠 305

图版

远古传奇：现代版

1. "羿射十日"事件始末报告

2. 将军崖岩画：天外来客?

3. 烛龙：千百代的古今奇缘

4. 龙：风中去来

5. 天山里的一零一夜

6. 浩浩神水何方来

7. 古案新审：大禹治水

8. 一代司天监，千古说梦溪

9. 康熙·台北·湖

10. 海陆之际的灾变：海啸

1. "羿射十日"事件始末报告

　　　　老祖宗代代相传而得以流传千古的神话，背后似乎在诉说一件件远古的真实事件。

　　我有这样的憧憬：如果能借助现代丰富的科学知识，尝试解释古籍里那些远古的神秘、百代的谜团——想象着充当破解神秘谜团的福尔摩斯；想象通过古书和古人对话；想象告诉先人，我理解了您想告诉后人的故事。这样的侦探故事真令人着迷、兴奋！

　　从小我就困惑，远古的大禹没有金属器械、舟车，他们如何治水？为什么需要治水？为什么有大水"泛滥于中国"而不退（第7篇里再细论之）？共工氏撞垮了什么"不周"之山？天塌陷下来是什么意思，而女娲又补了什么天？怎么补？夸父如何追日？嫦娥怎么奔月？愚公哪能移山？精卫当真填海？《山海经》里千奇百怪的事物在（胡）说些什么？屈原《楚辞·天问》里一箩筐煞有介事、其来有自的问题是在问些什么？龙是什么？后羿射下了什么九个太阳？

　　"羿射十日"神话里的场景是这样的：帝尧的时候，天上出现十个太阳，焦热苦害万物、百姓。英雄人物神箭手后羿出场，射下九个留一个，解救了大家。

　　这是哪门子的神话故事？怎么会有如此离奇、无厘头的"剧本"？有什么精神或教育寓意吗？我想着参透那背后的远古事件。这是我作为"福尔摩斯"的报告：

　　先看看原本的古书里都怎么说。《淮南子·本经训》说:"尧之时,十日并出。焦禾稼,杀草木,而民无所食,尧乃使羿上射十日。"王逸注:"尧命羿仰射十日,中其九日,日中九乌皆死,坠其羽翼,故留其一日也。"《山海经·大荒南经》:"东海之外,甘水之间,有羲和之国。有女子名曰羲和,方沐日于甘渊。羲和者,帝俊之妻,生十日。"《山海经·海外东经》:"汤谷上有扶桑,十日所浴,在黑齿北,居水中。有大木,九日居下枝,一日居上枝。"《山海经·大荒东经》:"汤谷上有扶木,一日方至,一日方出,皆载于乌。"西汉《易林》:"十乌俱飞,羿射九雌;雄得独全,虽惊不危。"唐代《庄子·秋水》疏引《山海经》:"羿射九日,落为沃焦。"

　　这差不多就是"羿射十日"事件所有的记述了。关于"羿"是何人物,论者已多有论述。记得吧,"羿"就是东夷族的首领,嫦娥的老公!至于"射",屈原《楚辞·天问》问道:"羿焉弹①日?乌焉解羽?"相信这也是你我的问题。从常识而言,"射"只是个英雄受命时必须做的动作,"射"不"射"显然对"十日"不会有作用的,这并不是重点。对"福尔摩斯"而言,重点是:"十日"是怎么回事?

　　古书记载总是语焉不详,但从中多少仍可以悟出些端倪:"十"在这里是一个真切的数字,是九加一,不是随便说的形容词。"十日"的出现是单次性的事件,有时、有地。它们是一个接一个、"一日方至,一日方出"轮番出现的;"十日"在地表造成高温,形容它时的用词"焦禾稼,杀草木"是突发式、主动式的,不像是神话故事里面想当然耳说的苦旱;这"十日"明显可以分为两类:那"居上枝"、被指为"雄"的一个被留了下来(还是射不下来?),那当然就是我们的太阳;另外九个"居下枝"、被指为"雌"的被羿射下(恐怕不射也会下来?)。这趟"九死一生"中的九个"乌"(乌是太阳的代名词,源于"日中有乌"即太阳

───────────

① 射。

里有黑子的古老记载），不是停挂在天上，而是"载于鸟"飞来的，被射下后羽翼解体坠落，成为"沃焦"状。

　　我把当时的场景还原给诸位：那天早上，太阳已经半高挂，从东方海面低水平角度陆续出现了一、二、三……九个小太阳一样的火球，大鸟般飞行而来。顿时酷热难当，禾稼、草木都焦死了。英明的帝尧手下神箭手后羿当下拉弓发箭；九个小太阳也就在远处一一陨落。陨落之处一片焦黑泥烂。

　　到底发生了什么事？

　　四千多年后的1994年，全球的人们通过各种媒体，目睹了一个千载难逢的天文奇景——休梅克-利维9号彗星（Shoemaker-Levy 9）撞入木星事件。经过是这样的：前一年（1993年）的3月，行星天文地质学家休梅克夫妇［休梅克（C. Shoemaker）后来于1997年在澳大利亚进行地质调查时不幸车祸身亡］和利维（D. Levy），在细察天文望远镜照片时，意外发现一颗彗星，还发现它竟然是被木星捕捉而环绕着木星的，而且已经被木星的潮汐力撕扯解体成为沿着木星轨道的一大串（见本篇【小贴士】）。终于，1994年7月，在众"目"睽睽下（包括地面的望远镜、哈勃空间望远镜和当时环绕木星飞行的伽利略号宇宙飞船等），大大小小总计21个块体，一个接一个高速冲入了木星的大气层。最大的块体估计长达两千米，和大气摩擦生热而造成的大火球温度高达两万多开（开尔文，开尔文＝273.15＋摄氏度），激起的风暴上冲三千米高，留下的"伤疤"范围几乎大如地球（见图1.1）！

　　类似的彗星解体而连续撞击行星表面的事件，在太阳系漫长的生命里是屡屡发生的；1997年伽利略号宇宙飞船拍摄到木卫三（Ganymede）地表上的一串13个撞击坑链又是一例（见图1.2）。而1908年6月30日发生在西伯利亚无人区的通古斯事件，则是单一彗星撞击地球的著名例子。那次的彗星撞击威力估计合1 000颗广岛原子弹，数十千米内的树木全遭摧毁、向外侧倒（见图1.3）。通古斯事件中，

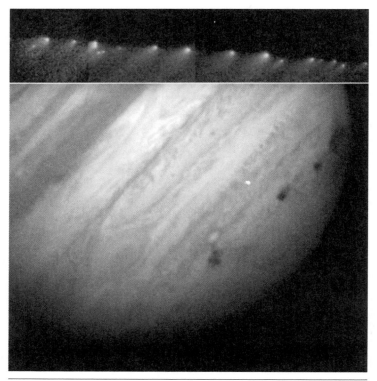

图1.1 哈勃望远镜记录了休梅克−利维彗星撞木星事件
环绕木星的该彗星被木星的潮汐力撕扯而解体成大大小小总计21个块体,在轨道里成一串连,总长差不多3倍地月距离(上图),它们于1994年7月16日至22日之间陆续冲入木星大气层,留下的一大串风暴的"伤疤"经月才消散(下图)。

个别亲历其境者事后报告:当时见到天上发光,听到巨响,感到高温,甚至闻到异味。

把休梅克−利维彗星撞入木星事件的规模缩小到原来的万分之一,或把通古斯事件一分为九,我们差不多可以想象当年那场惊天动地的场景。那一次,一颗不算小的彗星闯入地球,先遭到潮汐力解体成为九块,继而冲入大气层,因摩擦生热成为"九日",紧接着——陨落,撞击在中国的东部某地。惊恐万分却无能为力的先民们,除了向它们射

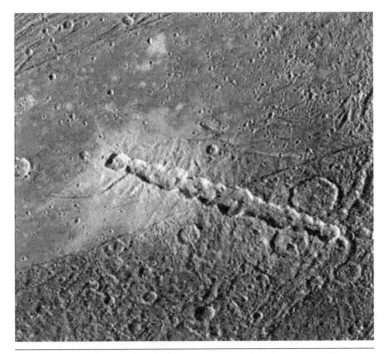

图1.2　绕木星的伽利略号探测器于1997年拍摄到的木卫三地表上的撞击坑链

一串13个坑，绵延200千米。撞击年代不详，但由于该卫星上没有侵蚀作用，那次事件留下了永远无法磨灭的痕迹。撞击当时，块体并没有像"羿射十日"事件那样受摩擦灼热成为"小太阳"，而且是无声的，因为木卫三并没有大气层来摩擦或传音。地球上能否找到类似这样的地貌？

箭之外别无他法，倒为后人留下了一则代代相传的传奇神话；主角也很自然地从无法理解的"十日"转变成英雄人物后羿。

　　"羿射十日"事件的现场，那《山海经》里说的"十日所浴"之处的"汤谷、扶桑、羲和[2]之国"位于今天山东省东南海滨的日照市，是传说中后羿所属的东夷民族的居地（后羿和嫦娥的墓，据称就坐落在日照天

------

② 中国上古的日月之神。

图1.3　1908年6月30日,西伯利亚无人区的通古斯事件
事后调查可见数十千米内的树木全遭摧毁、向外侧倒。

台山上)。我们今天能否找寻出当年连串撞击的地面痕迹呢？恐怕不乐观。"九日"陨落之处当时呈现一片焦黑泥烂,但是似乎没有大量实体的残留,就如同通古斯事件没有留下任何可辨认的坑洞式的地面撞痕。这应是体质松散的彗星撞击的特有现象。至于其他类型的可能痕迹,则经过数千年的人为农耕活动和自然的水文沧桑,早已荡然无存。

　　报告完毕。

　　今天,我们认识到:陨石或彗星的撞击事件在太阳系里是常态。包括恐龙在内的物种大灭绝事件,肇因于6 600万年前一次大陨石撞击;连我们的月球,都已被确认是发生在太阳系早期地球和另一个古行星大对撞的结果(见第42篇)。于是地球人类所面临的自然灾难榜上,除了已经应接不暇的种种全球变迁之外,又得多加一项更为惨烈的大撞击! 不过好在在人类短短的有文化的历史中碰上这种大撞击的概率极低。值得令人反思的是,倘若真的面临大撞击,以我们今天的科技而言,能做的恐怕并不比当年的"后羿神箭"高明到哪去!

　　后记: 2013年2月15日上午,一颗大如卡车的陨石落在俄罗斯乌拉尔山脉附近的小镇。从当时人们在地面上拍摄到的照片中,清楚可见一颗因与空气摩擦而灼热的陨石正在坠落,形如小太阳的实景。我们终于有可能设身处地看到类似"羿射十日"事件的场景了。

小贴士

　　彗星是太阳系行星形成后外围的残留物,由冰雪、尘埃和气体组成,数量极多。偶尔有些彗星会被重力扰动而迷航、沿着椭圆的绕日轨道进入太阳系内的行星圈,在较接近太阳时,其组成物质会一路蒸发散落,就成了我们看到的"扫帚星";而当地球在公转途中与某彗星轨道交叉时,弥漫于后者中的彗星小碎块便纷纷闯入地球大气层,摩擦生热,从而产生流星雨! 若时空更加凑巧,就会发生彗星闯入行星事件。

　　休梅克-利维彗星在靠近木星时为什么解体? 原来,大如行星的物体甲距离木星数个行星半径以内是洛希极限(Roche limit),在洛希极限内的物体乙感受到甲的潮汐力会超过乙自身的重力凝聚力,例如土星环就在土星的洛希极限内。彗星的体质松散,比较大块头的部分一旦闯入洛希极限就会被潮汐力撕扯而解体成许多较小块。解体的星块继续在其轨道上运行,成一连串排列状,快慢略不一,其宿命是陨落撞毁。大到数十、数百米的大块往往可以直穿大气层撞击到地面,产生如本篇所述的通古斯事件。

2. 将军崖岩画：天外来客？

又一起疑似外星人到访地球的事证？神秘的将军崖岩画，敢情是对传说中的"羿射十日"事件中"天外来客"的实景全记录。

江苏省连云港市西南郊的锦屏山是当地几座花岗岩山峰之一，坐落在如今和海平面齐平的大片冲积沃野上。南麓一处小石崖上原有武士牵马的石刻（现已因采石而遭破坏），俗称将军崖。崖下一座覆盆状的花岗岩大岩面（见图2.1），长22米，宽15米，海拔仅约20米。岩面上可辨认出有三组拙朴的远古岩画，由凹槽线条构成，宽浅不一，应是以坚硬的器具凿磨而成。

图2.1 将军崖岩画
将军崖下，有一座覆盆状的花岗岩大岩面，上面刻有三组远古岩画。

　　考古学者推测，此造型突出且明显曾被人为平整、使用过的大岩面，是新石器时代先民的部落集会、社祀的地方（在锦屏山里沿着桃花涧，已发现分布多处数千年前旧、新石器时代的人为遗物、遗址），但对于岩画所描绘的内容则疑窦重重，令人困惑不解。有人认为可能是对太阳神的崇拜，也有人说应该是祭祀土地神或谷神，还有的怀疑是原始观星台或与测象有关，众说纷纭，有人干脆给它起了绰号"东方天书"。

　　根据《文物》1981年第7期刊载的《连云港将军崖岩画遗迹调查》报告，将分处在大岩面三处的三组岩画暂称为A组、B组和C组。其中B组疑似星象、星云图（大小不同的圆点或圆圈），配以部分疑似鸟兽的线条；C组是一群夹杂着简易人面的不明符号。本篇是我针对最为精彩也最神秘的A组（见图2.2及图2.3）所做的"福尔摩斯调查报告"；报告不用侦探小说抽丝剥茧般的倒叙方式，而平铺直叙故事的全程和逻辑推演。

　　前一篇的"福尔摩斯报告"，描述了四千多年前的帝尧时代，那场惊天动地的天外来客事件：一颗不算小的彗星与地球在轨道里邂逅，

图2.2　将军崖岩画
A组的全景

图2.3   将军崖岩画A组的描绘图
斜虚线勾勒岩面大裂痕，代表着海岸线。

遭到地球对之的潮汐力而解体为大小不一的九块，自东向西由日照滨海地区横空闯入大气层，因摩擦生热成为九个小太阳一般的物体，继而一一陨落，撞击地面成为"沃焦"。事发当时，太阳已半高挂，英雄人物后羿受命"仰射十日，中其九日"，成为千古流传的神话。

紧邻日照市南边的就是如今江苏省东北角海滨的连云港市（而再往南的江苏省境内有自古就名为"射阳"的湖、河和县）。当天连云港地区的先民们得以清楚地目睹整个"十日事件"的始末；事后，惊恐甫定的他们以虔诚、敬畏的心，用他们最先进的石器和骨器，不辞辛劳地把目击的景况千锤万凿，极为详实地记录在祭祀圣地的大岩面上，成就了如今将军崖的A组岩画。

所以，该岩画描绘的是坐南朝北所见自东（岩画右方）向西（岩画左方）发生的一幕连续场景的浓缩，好似重叠了的电影片段。岩画中呈完整圆形、清晰可辨的人面像有十个；其中右上角那一个位置特别高，代表着真正的太阳——正是《山海经》里说的："九日居下枝，一日居上枝"，它是唯一被画于而且紧沿着岩面大裂痕的东侧的人面像。

其他九个人面像的造型、排列极为奇特：它们被刻意画成大小不一，其最大的直径超过1米；它们面容各异，夹杂些与五官无关的线条，而且没有身躯，完全不像真人或某特定的动物。有几个还刻意部分重叠，左上方的最大块内甚至绘有成串带状的小块。它们就是描绘那令人惊恐的"天外来客"，也就是后羿对之发箭的"九日"，那些大小不一、形态各异、有"首"无"躯"的灼热彗星块。

除了在高位代表太阳的那一个外，"九日"都以意象式的线条与底下的大地相连，似乎在强调彗星块在从天而降的瞬间产生的高温、音爆、强风、闪电以及不断下坠的熔融碎块；这些都是当时在地面上可以直接感受到的。

目击者显然也注意到：较大的"日"飞行轨道较高，较小的则较低——这是彗星块在横空闯入大气层的过程中，遭遇强大的大气摩擦下的必然结果，因为较小块受到的摩擦力相对较大，而更急剧地减速（见第26篇）。虽说解体的彗星陆续闯入人间时有九个完整的主块，但一旦进入大气，势必一路碎裂成为或群聚或离散的次块。所以实际陨落的块数言人人殊，这并不令人意外，视目击者的视角、距离、判定而有出入，块数不拘泥于九了。这也是为什么有几个较小且不完整的人面出现在岩画的右下区——那是先坠落的较小碎块，还有更早先坠海的碎块并不算在"九日"之列。

岩画较低处的图案呈并列分布，大抵和上方的"日"成对应关系的，有一排三角形呈向上辐射状。考古学者在不知岩画意义的情况下，倾向于解释为农作物图案；我倒觉得不会有人把草本、禾苗画成那样（甲骨文象形文字有各种实例可证，包括笔者的名字"丰"字——草茂盛的样子）。我相信岩画所要表达的是一连串彗星块陨落的场景，也就是那一连串大撞击造成的地面炸裂，甚至还特别描绘出撞击处暴露出的层状的地下结构剖面。

"九日"下方对应的撞击炸裂图形有大小11个,包括一两个小小的较不成形的在右下角。最右边还另外有3个紧靠且切齐于岩面大裂痕,显示当时已存在岩面裂痕,而被用作岩画的现成格局——代表着海岸线。沿着大裂痕也就是黄海海边,另外画有一两个俯视的水平小型炸裂图形。右侧是大海,描绘得比较粗略,太阳正高挂。这一侧理所当然没有前述的陆地撞击炸裂图形,倒有一个奇特的倒锥式长颈瓶形和一排立置的栅栏形图形,可以用逻辑推想这是较小的彗星次块,因摩擦减速较为猛烈,还没来得及登陆就已坠海,从而激起了壮观的水柱。

附记一则:南京大学两位学者用微腐蚀定年法,认定此组岩画距今约4 300~4 500年,正吻合"羿射十日"的帝尧时代。

报告完毕。

原始先民们在经历了无法理解、不知应该如何面对的重大自然现象后,敬畏有加地将其赋予神格化、配上流传千古的神话故事,而背后真正的原委多因缺少文字记录而逐渐失传,以致今天我们仅能以科学揣测作为存证备查。

在这里,将军崖的先民们费心地流传给后世这一幅精彩动人而且永垂不朽的岩画,为我们诉说了远古那场惊天动地的天外来客的故事。岩画在崖下静躺了四千多年,对于当地讨生活的村夫樵妇、天真无邪的戏要玩童和过往桃花涧的寻幽雅客来说,其中想必有不少人曾不经意地见到过它,却都没有给予青睐,也没有为它留下只言片语。

直到1979年,当地百姓报告有关单位,岩画才算是正式被"发现",始而得到科学的认真对待;1980年经古文物大师史树青先生鉴定后,岩画逐渐纳入文献记录;终于在1988年由国务院确定为全国重点保护文物,其址现托属于连云港市桃花涧遗址公园。

至于将军崖的B组和C组岩画,又是画着些什么呢?神秘的未结之案,日后再烦劳后继的"福尔摩斯"调查吧!

　　后记：《京华时报》于2004年3月10日刊登了一则新闻报道：连云港市旅游局把将军崖岩画的拓印复制本送到北京展出，并"许诺百万重金，悬赏能破译这些神秘符号的专家学者……"看来此中确有黄金屋。只不过"破译"要如何认定？由谁认定？而在下又算得上哪一路的"专家学者"？罢罢罢，我仍去草堂高卧、梦我的天外周公吧！

3. 烛龙：千百代的古今奇缘

　　　　身长千里的天上神龙，以灿烂的彩光照耀着极北的无日之国，
它是无中生有的传说吗？

　　《山海经》这一部奇书，是中国最早的地理、历史和博物的传说性
神话集成。成书年代、作者不详。在这18卷共3万多字中，言之凿凿地
记载的多有读来荒诞无稽的怪神、怪人、怪兽、怪物、怪地、怪事；怪到
多年后的太史公司马迁都不得不将之归于"不敢言之"之列。

　　然而，仔细推敲这些内容，又往往似有所指，不像纯臆造。有的甚
至显有根据，只是经过了主观的描述、夸张和附会而变了调。举一个有
趣的小例子：《西山经》卷里记道某山"有鸟焉，其状如鹗，青羽赤喙"，
然后加一句"人舌能言"——会说人话的鸟，岂不是胡说八道？接着说
道"名曰鹦鹉"，是不是令人恍然大悟又哑然失笑？可是没有听说过或
见过鹦鹉的人会信吗？

　　出没在极远北方的"烛龙"，是一则更令人深思的例子：

　　《山海经》的《大荒北经》卷里记道："西北海之外，赤水之北，有章尾
山，有神，人面蛇身而赤，身长千里。直目正乘，其瞑乃晦，其视乃明，不食
不寝不息，风雨是谒。是烛九阴，是谓烛龙。"《海外北经》卷里，也有雷同
的描述："钟山之神，名曰烛阴[①]，视为昼，瞑为夜，吹为冬，呼为夏，不饮不

---

① 烛龙也。——郭璞注

食不息。身长千里。在无启之东。其为物,人面,蛇身,赤色,居钟山下。"

西晋经术学家郭璞为《山海经》作注,说:"天不足西北,无阴阳消息,故有龙衔火精以照天门中者也。"《淮南子·地形训》里说:"烛龙在雁门北,蔽于委羽②之山,不见日;其神人面龙身而无足。"战国时《楚辞·天问》里屈原对自然现象、神话传说、历史人物提出一连串问题,凡170余问,也正经地问道:"日安不到,烛龙何照③?羲和之未扬,若华何光?"将烛龙与日月并列,问到天上没有日月之际,烛龙怎么把天照亮了?

所以,烛龙是身长千里的天上之神龙,以灿烂的彩光照耀那极北、寒冷、幽暗的无日之国。它是不是无中生有、胡诌的传说呢?千百年来无人深究,近世则有尝试说那烛龙大概就是指太阳或云霞吧,或语焉不详地勉强解释为火神祝融("祝融"的发音和"烛龙"颇相近)或苍龙七宿,甚至后土神怪之类。

让我们先按图索骥,去拜访烛龙出没的遥北之处——章尾山即钟山,亦即塞外的阴山,在今内蒙古自治区。雁门北指雁门山(在山西的北部)之北。昆山即昆仑山。委羽山则见《淮南子·坠形训》中一段极有趣的记载:"中国九州,正北泲州曰成土;其外北方曰大冥、曰寒泽;其外北方曰积冰、曰委羽④;其外北方曰北极之山、曰寒门。"并说北方"有不释之冰"而且"幽晦不明,天之所闭也,寒冰之所积也,蛰虫之所伏也。"为什么这些极北、寒冷的地方被形容成"幽晦无日"呢?为什么这些地方的昼夜是由烛龙"视为昼,瞑为夜"来控制,而不是平常的太阳日的规律呢?

地球的自转赤道面和公转黄道面之间有一个23.5°的夹角,造成了季节变换,也因此南北极圈内(纬度高于66.5°的"圆盖"区)所见到的太阳的出没并不是以24小时为周期,而是夏季半年为昼、冬季半年为夜。那么,烛龙出现的所谓幽暗的无日之国不就是那经历着漫长的半

---

② 北方山名。——高诱注

③ 天之西北有幽冥无日之国,有龙衔烛而照之。——王逸注

④ 委羽在北极之阴,不见日。——高诱注

年冬夜的遥北地区么？到了汉代，周髀有云："春分之日夜分以至秋分之日夜分，极下常有日光。秋分之日夜分以至春分之日夜分，极下常无日光"，似乎对这情况有了进一步的认识。

现在来看看图3.1，在高纬度地区的清朗的夜空里常常出现所谓极光现象。太阳除了发热、发光之外（见第23篇），也不断向四周放射出称为太阳风的带电粒子，主要包括质子、电子等，速度约每秒四五百千米，比起每秒30万千米的光速可算是"牛步"了。朝向地球而来的这些带电粒子，在接近地球时，被地球四周的地磁场强迫挡住，从南磁极或北磁极周边的上空冲入电离层，在约上百千米的高处与大气分子撞击而释放出彩光；其原理和霓虹灯一样，堪称大气霓虹灯，而色彩取决于撞击的粒子能量和被撞击而游离的分子的种类，有红有绿有紫不一而足。

对地面而言，如果该过程够强而且适逢清朗的暗夜的话，天幕里就能频频上演出一场场绚丽的光影大秀，这就是极光。太阳表面活动有着11年的强弱周期；在太阳黑子较活跃、太阳风强烈的年份，极光事件也就多发而且强烈（见第21篇）。

图3.1 极光——高纬度地区暗夜天幕里绚丽的光影大秀（见图版）

　　至此，应该可以很肯定地说，被中国古人描述为烛龙的就是极光。更准确地说，高纬度地区的先民们目睹了极光，不明所以从而加以夸张和附会，把它主观化、神话，归成一种天上神物，称它为烛龙。这已是最近二三十年来在中外国际科学界被接受了的论述。欧洲很早也就有极光的记载，在北欧的传说里它很自然地占有一席之地。极光的英文"aurora"，原指罗马神话里的黎明女神。

　　可是极光不是只有在北极或南极才见得到吗？先民们是不可能到达北极的，那么怎么会有人目睹极光呢？其实这是错误的迷思。极光的发生区并不在南北极当地或附近，而是在南北极周边的高纬度带，极光被地磁场导引至南磁极或北磁极周边的漏斗型上空，形成一大圈极光圈带，其发生区离北极远达数千千米！如图3.2中显示，人造卫星从太空拍摄到的一次很强的北极光发生事例。

图3.2　2000年Polar卫星的紫外线摄影机从太空拍摄到的一次极光大秀，环绕着磁北极的外围（见图版）

　　我们知道，地球磁轴与自转轴虽然大致上一致，但并不重合，所以磁北极并不同于自转真北极。而且磁北极并不安于其位，而总是在真北极附近、时近时远地缓慢徘徊着，一般距离在几百到上千千米之遥（见第34篇）。相对应的磁南极亦然。仔细地观察图3.2，极光圈带并不是以自转真北极为中心，而是略偏向西半球的一侧。这是因为极光圈带基本上是环绕着磁极。

　　有趣的是，在过去百年有记录以来，地球的磁北极实际上如图3.3所示，从西半球侧的北加拿大，一路向真北极方向漂移了将近两千千米；2020年已正式进入了东半球西伯利亚侧。今后极光多现区的分布就将逐渐偏向东半球的亚洲区了。

　　那么，烛龙的故事透露了一连串地球的小秘密。首先，我们是否可以据此推论，磁北极在几千年前位于东半球亚洲的一侧，而让极光得以

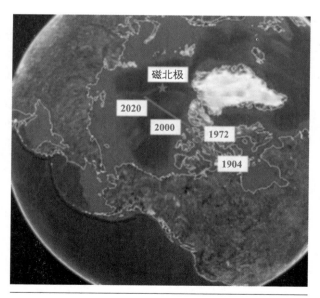

图3.3　磁北极的漂移

过去的磁北极位于西半球侧的北加拿大，而在过去百年有记录以来，磁北极向真北极方向漂移了将近两千千米；2020年已正式进入了东半球！

被亚洲先民目睹？再者，即使如此，仍必须是遥北地区的居民才能目睹烛龙；那么，中国古老的先民和那些遥北之民之间也应该是早就互有交通了。其三，为何烛龙传说后来又失传了呢？是不是因为烛龙逐渐不再出现了？这不就是因为磁北极逐渐漂移离开了东半球而朝向西半球去了么？就以磁极不断漂移的情况而论，这是完全可能的。

今天，我们可以认真地告慰先民的在天之灵："是的，烛龙走了，到美洲去了；但是它会回来的！"

烛龙的故事"以今烁古、以古验今"，其最深刻的意义并不在于它终于得以破解，而在于它提示了我们：新时代的科学知识，才正是解开诸多远古谜团的钥匙！

后记：这里有一个令人失笑的逻辑推论：《史记·五帝本纪》注说黄帝"母曰附宝，之祁野，见大电绕北斗枢星，感而怀孕，二十四月而生黄帝于寿丘。"此处"大电"显然不是在形容闪电雷雨之夜，因为当时得见夜空中的北斗枢星，而应为形容极光的"大霓"之误抄（见《搜神记》）。那么，我们确实是"龙的传人"；而这"龙"竟然是那绕北斗枢星、光照郊野的大霓——烛龙，也就是极光！

4. 龙: 风中去来

　　龙的起源,是个古老的问题,因为两千多年前老祖宗们就已对龙的来历茫然了;它却也是个新的问题,因为新时代的地球科学知识,正为我们提供新的思维和解读。让我一幕幕为您道来。

【第一幕】 画龙·话蜃

　　中国龙起源于三四千年前;在往后的年代里,中国人除了将龙的含义彻底神化之外,也将龙形很戏剧性地艺术化、民俗化了。我们现在认知的龙早已不是原始的形象了。

　　现今龙的形象,其实可追溯到两千多年前的东汉时期——学者王符将龙赋予了具体的形式;宋代罗愿的《尔雅翼》(见明代李时珍《本草纲目》)将之稍加引申,有"三停九似"之说:"谓自首至膊,膊至腰,腰至尾,皆相停也。九似者,角似鹿,头似驼,眼似鬼,项似蛇,腹似蜃,鳞似鲤,爪似鹰,掌似虎,耳似牛。头上有物,如博山,名曰尺木;龙无尺木,不能上天。"

　　以上这些龙的描述,虽是妄语,基本上尚属清楚,除了饶有趣味的几样:

　　"腹似蜃"的"蜃"是什么?《礼记·月令》说:"雉入大水为蜃",不知所云。《说文解字》中说"蜃,大蛤"。《本草纲目》却又说"蜃"是一种蛟龙，似大蛇而有角，腰以下逆鳞；"能吁气成楼台城堞之状，将雨即见，名蜃楼，亦曰海市。其脂和蜡作烛，香凡百步，烟中亦有楼台之形。"这是"海市蜃楼"的出处，但"蜃"却成了神话。

"眼似鬼"是啥意思？谁说得出"鬼眼"该是什么样？其他文献有说"眼似兔"或"眼似虾"的，圆凸而瞪的兔眼或虾眼就对路了；所以应该是古代文字传抄时发生的字形相像误"兔"为"鬼"的讹抄。

至于"头似驼"——龙头怎么会是骆驼头的样子呢？古文传抄时也有可能把同音字相混而以讹传讹；我判断这里"驼"是同音字"鼍"之误。可是"鼍"是什么？

别急，先看看古书里的"鳄"。古辞书《尔雅》的《释兽》《释鱼》《释虫》各篇都不见鳄的踪迹；可想是因为鳄毕竟非中土之物。古字典《说文解字》亦无此字，却原来是另有写法——蝉："似蜥蜴，长一丈。水潜，吞人即浮。出日南[1]也。"

唐代文豪韩愈被贬谪到靠近南海畔的潮州当刺史，调查民患后写了《祭鳄鱼文》，附一羊一猪，投入当地恶溪（今因韩愈而名"韩江"），向凶恶的鳄群下最后通牒，说它们"据处食民畜、熊、豕、鹿、獐，以肥其身"，要它们限期"南徙于海"。传说当夜暴风震电，几天后湫水干涸，鳄群西徙六十里。

《博物志》记："南海有鳄鱼，状似鼍。"《吴都赋》注："鳄鱼长二丈余，有四足，似鼍；喙长三尺，甚利齿。虎及大鹿渡水，鳄击之皆中断。生子则出在沙上乳卵；卵如鸭子，亦有黄白，可食。其头琢去齿，旬日间更生。广州有之。"《太平广记》说："闻广州人说，鳄鱼能陆追牛马，水中覆舟杀人，值网则不敢触。有如此畏慎。""鳄鱼其身土黄色；有四足、修尾，形状如鼍，而举止趋疾；口森锯齿，往往害人。"还说道南中"鹿走崖岸之上，群鳄嗥叫其下，鹿必怖惧落崖，多为鳄鱼所得。"也说

---

[1]　今越南。

到鳄鱼滩"鳄鱼极多"。《梦溪笔谈》记沈括有友人在潮州"钓得一鼍，其大如船，……大体其形如鼍，但喙长等其身，牙如锯齿，……尾有三钩，极铦利。遇鹿豕，即以尾戟之以食。"

　　古文读起来较费力，但常常值得反复推敲、细细品味。上述是什么"鳄"？根据鳄身、喙、尾的长度，结合尾有钩及其凶猛之状，类似现今分布于东南亚、北澳的巨型湾鳄。这种长吻鳄咸淡水两栖，分布甚广，古时极可能到达华南海畔。或者，古时南海畔的大鳄是不是古种而已经被先民灭绝了？

　　古人描述南方的大鳄时，都理所当然加上"其状如鼍"，好像读者就得以马上明白了。所以鼍应该是既普遍又广为人识之物。古书里怎么记载呢？《尔雅》里仍寻不着，不知何故。《说文解字》则说鼍"水虫②，似蜥蜴，长丈所。皮可为鼓。"《山海经·中山经》说岷江"多良龟，多鼍"。《诗经·大雅》："鼍鼓逢逢，蒙瞍奏公"，说的是以鼍皮制作成鼓面，用于祭祀。《史记》："树灵鼍之鼓"。《礼记·月令》中说季夏之月，天子"命渔师伐蛟、取鼍、登龟、取鼋"；猎杀鼍，用"取"字，看来并不难得，也不困难。《海物记》："鼍者，鸣如桴鼓，今江淮之间，谓鼍鸣为鼍鼓。"《埤雅》："鼍鸣应更，……吴越③谓之鼍更。又鼍欲雨则鸣，里俗以鼍识雨。"《尔雅翼》说："鼍，状如守宫④而大，长一二丈，灰色。背尾皆有鳞甲如铠，能吐雾致雨。力尤酋健，善攻碕岸，岸边人甚畏之；声亦可畏。性嗜睡，目常闭。大者自啮其尾，极难死。其老者能为魅。"

　　所以鼍就是今天长江中下游已列为濒危动物的小型扬子鳄。它身小性温（见图4.1），属短吻鳄，以螺、鱼、鼠为食，并不主动伤害牲畜，更不会袭击老虎、大鹿或覆舟杀人，和前述的南方大鳄是两码子事。鼍古时的俗名叫"猪婆龙"，在《太平广记》《西游记》等民间故事里常扮演

---

② 水中之兽。

③ 今江浙地区。

④ 壁虎。

图4.1　身小性温的中国扬子鳄（古名鼍，见图版）上图是只成年雄鼍在树丛里偃寝；下图是一大一小两只鼍在水中漫游（摄于湖北宜昌中华鲟研究所）。

灵兽的角色，似龟、狐之类，往往成精魅。它们几千年来被我们的先人毫不疼惜地驱杀，破坏栖息地。"鼍鼓逢逢""江南江北听鼍更"如今竟成了它们面临灭绝的哀歌。

龙的巨口、长列的锯齿、阔扁的嘴形、前伸的扁鼻、阔而突出的额头，不正是状似短吻鳄，也就是"头似鼍"（而不是"头似驼"）么？

龙头上"博山"形的"尺木"又是什么呢？应该是位于龙角前方两个明显的突起物，正如鼍额上有的。但是它代表什么特殊意义？为什么无之不能上天呢？好像和天子之说有关——古时阿谀天子"日角龙颜"，是形容相貌眉骨隆起，原来是状如"博山""尺木"，有之得以升天。

中国龙的形象在古时候还有一段令人费解的另类传说：西方的传说中，也有类似想象出来的天上神物，叫作"dragon"［今天世界上仍有名为"dragon"的动物——印度尼西亚诸岛的科莫多巨蜥（Komodo dragon），其实只是一种肉食、凶猛的巨蜥，身长可长到三四米］。西方"dragon"的形象，是披鳞、展翅、长尾、巨爪、能喷火的巨大飞兽（见图4.2）。在欧洲、西亚各地，早自三四千年前就有其概念的前身，往后不同时代的神话故事里，更不乏各自的独立版本。现代版"dragon"的概念始自3世纪，而成熟于中世纪的英伦三岛，它代表着邪恶、暴力；是

图4.2　东西方关于龙的雕塑和石刻
左图是西方"dragon"的一则代表作——斯洛文尼亚的雕塑；右图是东汉、南北朝和
唐朝的陵墓中的几座石刻龙。

天地精气幻化而成，却成为中世纪信仰基督教的英雄们艰苦战胜的对象，常伴有悲剧性的死亡。中国的龙和西方的"dragon"有着全然不同的渊源和象征意义，应该是没有交集的吧！可是看看图4.2里的历代石刻——东汉、南北朝、唐朝的陵墓中的几个石刻龙，竟与西方"dragon"的形象如出一辙！这背后藏着什么耐人寻味的意义呢？很值得好奇的朋友们来探索！

小贴士

　　今天世界上有20多种鳄，生活在热带及亚热带水泽地区，在东南亚、澳大利亚北部海岸、非洲大陆、中美洲和南美洲沿海及各岛都有分布。大多属"crocodile"种（长吻鳄）；另一种属"alligator"

种（短吻鳄）。今天的长江下游仍存在小型扬子鳄，目前已被列为濒危动物；与硕大的北美鳄同属短吻鳄。（如今它们的分布为什么一东一西呢？）古时候华北的气候比现在更加温湿，也有扬子鳄，在山东大汶口遗址曾发现其遗骸。扬子鳄古名"鼍"，俗名"猪婆龙"；扬子鳄之名似乎不是中国固有，而是近代西方所取［西方习称长江为扬子江（the Yangtze river）］，学名中华鳄（*alligator sinensis*）。

鳄堪称爬行类动物中的活化石，是非常成功的演化范例。它们的表亲——种类繁多的恐龙（根据定义，四足直立的爬行类属恐龙，而四足侧弯的则属蜥蜴、鳄），6 600万年前在一场灾难性的大陨石撞击事件中灭绝，而鳄这种大型动物竟得以存活并繁茂至今。更了不起的是，亿年来几乎没有或说不需要任何形体上的演化，以不变应万变，目前却有数种因人类活动而濒危。

【第二幕】 画"龍"·话字

翻开成书于三百多年前收录4万余字的《康熙字典》，找找看"龍"字属于什么部首？原来它自己就是个部首——"龍"属于"龍"部！笔画这么多，看似多部件构成的这个字却明摆着是单元的独体字，奇怪吗？查到了"龍"字，还会看到各式楷书的异体写法，竟然多达8种，奇怪吗？而在"龍"部、"虫"部还可以找到其他读音不同而解释为"龍"或异类"龍"的字，奇怪吗？

让我们回到数千年前。中华古文明里称为华夏的一支氏族繁衍于华北大地。除了在衣食住行各方面的发展外，他们发明了一项实用的关键性的工具——文字。文字的发明，让资讯从此得以传递、累积。中国第一个王朝夏朝可能已发展出象形记事的雏形，随后商朝出现了正式的象形文,以甲骨文为代表。甲骨文是刻在龟甲、牛骨上的,多数为卜辞,1899年以后才陆续从安阳殷墟的土层中出土,在险些被磨成药拿来吃时,被有识之士抢救下来而得以重新问世。

甲骨文里解释为"龍"字的,其写法可真是千姿百态。台北故宫博物院研究员张光远先生收录了120种不同的写法(见图4.3)。写法式样虽多,却有共通点:大首且带长而弯卷的尾,首尾基本上呈九十度转折,尾向左或向右弯则不拘。字形一律是直立的,状似腾空而飞翔。

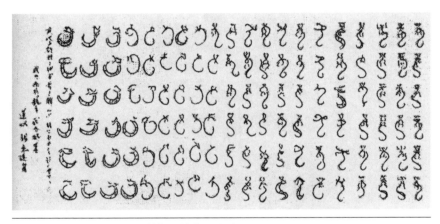

图4.3　甲骨文里解释为"龍"字的象形写法
这些"龍"字基本上一律是直立的,大首而带长而弯的尾,状似腾空而飞翔(感谢张光远先生)。

不论后世乃至今天"龍"的形态已经演变成什么样,这是"龍"字原始的象形形态。

学者们还认识到另一个有趣的现象:甲骨文里"龍"字多样的形态竟对应着多样的早期龙形雕饰实物,体态几乎一模一样,包括玉雕、陶绘、铜器纹饰等,各种传世品或近代以来考古学家挖掘出的实物(见图4.4)。

甲骨文的"龍"字又是如何演变为现体写法的呢? 这可由张光远先生收录的40多种"龍"字的金文写法清楚地看出来(见图4.5)。金文是继甲骨文之后，在商周时代出现的文字形式，以铭文模铸在青铜器上而得以传世。甲骨文由于刀具的关系，字体比较直硬，而且笔画不宜过繁，然而金文则将字体转活畅。图4.5演示了"龍"字在金文阶段逐渐艺术化、繁复化的过程，可以看出今天的"龍"字其左部仍是源自其独体古象形字，而右部系演变衍生出来的；这写法自汉代以后即已确立。

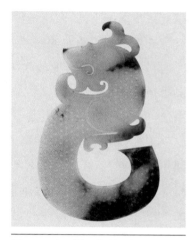

图4.4　中国最早期的"龍"的实雕
与图4.3中个别"龍"字的形态几乎一模一样。

　　综结上述，我们认识到：追根溯源，"龍"字是个独体的象形字，它的形态不是凭空捏造出来的，而是三四千年前根据某种对象的形象"画"成的，其形态确实可谓千姿百态。显然我们的老祖宗们目睹了他们称之为"龍"的物体，对之印象极为深刻，很形象地将之记录甚至复制下来，作为象征性的崇拜对象，并赋予其沉重的隆隆之声的发音。可是老祖

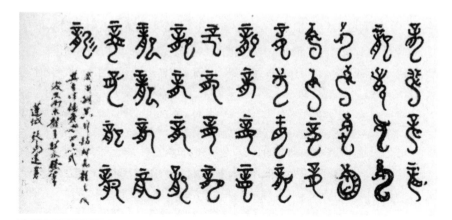

图4.5　金文里"龍"字写法演化的过程
"龍"字写法脱胎于甲骨文，逐渐演化成为现体写法（感谢张光远先生提供资料）。

宗们目睹而记下的,究竟是什么?

先看一个更重要的问题:它应该不是什么?

自20世纪以来,龙的起源众说纷纭,有多种假说被提出,然而都似隔靴搔痒,有诸多欠通、无法自圆其说之处;再加上与原始龙形难以联系这一事实,这些假说更显得左支右绌,难以令人信服。

曾被提出作为龙之原型的自然物,包括雷电、虹霓、极光、云、月亮、河川、松树等。但是试想:若让你描绘上述任何一物,你会画成图4.3里那样的形态吗? 例如漫画书里的雷电,都是画成曲折分叉状,甲骨文的"电"字也同样,而"雷"是在"电"旁边加上几点代表雷声。那么虹霓呢? 十个人画虹,十个人都会如出一辙地画出几道水平拱立着的同心半圆;甲骨文里确是如此,又在虹两端画上大口饮水的虫状,与图4.3完全不同。至于极光,它对应了极北地区的"天上烛龙"(见第3篇),并不是我们所要探讨的"正牌"的龙。其他那些稀松平常之物,真能够让我们的先人们像对龙那样敬畏有加地去崇拜吗? 那样不是太小题大做了? 是不是我们太小觑先人了?

认为龙是源自对动物的崇拜的,有鼍或鳄(卫聚贤先生于1930年代提出)及蛇等图腾大拼兽(闻一多先生于1940年代在《伏羲考》中的论述)等,但我总觉得牛头不对马嘴。不仅发音全无"龙味"外,而且鼍或蛇匍匐于地,身扁形拙,难以想象它会让先民如此敬畏而崇拜;它们的写法也完全不似古时候写成直立的"龙"字,例如甲骨卜辞中的"蛇"[古字同"它",而虫(音同"会")亦是指蛇]字的形象是打个弯的双钩蛇形。

龙有可能是融合多种史前的动物图腾而创造出来的综合化身吗?图腾(totem)一词,音译自北美原住民某部族的用语,并非中国固有,意为"他的亲族",带有神秘甚至神圣的、有关祖先的宗教色彩。中国传说中夏代甚至更早的石器时代里,原始器皿上的动物图饰有实物可考的有蛇、鼍、虎、猪、鸟、鲵、鱼等。图腾假说认为:龙就是经过氏族的兼并、融合而成的拼兽。然而,这样的渊源关系实际上却无实物或迹象可循。尤其近代考古学认证,史前中国的地域文化是多元演进的,许多现代学者也都对图腾假说质疑。中国究竟有没有图腾的盛行? 若然,图腾观念的演变以及图腾与氏族间、地域间的关系是怎样? 氏族之间的兼并是否真的导致图腾的融合? 中国古时候对自然现象、祭祀、祖先等是非常慎重的。如果图腾的崇拜很盛行的话,那为什么连一个名、一个字都没有造出来代表图腾,而如今还需要用外来语? 这都是以图腾假说来追溯龙的起源所必须面对的问题。针对龙,图腾假说只想当然地配合了前述的龙形"九似"——可是"九似"仅是后世人们对龙形约定成俗的一种说法,并不涉及龙的起源。

另一方面,"龍"字随后却陷入一番"不堪回首"的演义:两千年前,学者许慎所著的中国第一部字典《说文解字》搜集了九千多个篆字,详细记录各个字体的架构、来龙去脉。然而他竟将"龍"字误认为是拼合的形声字:"从肉、飞之形,童省声[5]。""从肉、飞之形"则是许慎想当然地根据当时篆字的字形提出的说法,形容左右两部件:"肉"指左部,而对于右部,他认为是"飛"字的省写(或者根据《说文解字》较早的版本,他认为右部上半是"及"字的反写)。这些说法显得牵强和无奈,以致错上加错。原因是他所处的东汉初年和甲骨文的时代已相隔上千年,他无缘见到甲骨文,也不像我们今天得以明白其演变过程。

日本字承续唐代的中国楷书,取了多种"龍"字中不大普遍的一种,沿用至今,写作"竜"(参考《康熙字典》),是个不折不扣的直立而带着弯卷尾巴的古龍形字。

现代的简体字取用"龍"字那衍生出来的右半部的"龙",再简化成"龙"(其实《说文解字》里有"尨"字,音同"茫","言犬其多毛也")。

---

⑤　其中"童省声"定义其读音,自古已然,殆无疑义。

中国文字可真玄妙有意思。相较之下，西方的拼音文字"dragon"，既不形也不声；想要以这个字研究dragon的来历，恐怕所获极为有限。可是中文的"龙"字，竟对我们诉说了这么多龙所经历的沧桑故事，更为我们铺下探索龙源的蹊径，在下一幕中继续追寻。

【第三幕】　风中的回答：The answer is blowing in the wind

这是一则虚构的、古老的故事：

很多很多年以前，在一广袤的平原上，每年初春以来到仲秋时节，往往出现一种令人惊心动魄的天气异象：在沉闷浮躁、风雨欲来的午后，天边一角浓云密布。不多时，从浓云的基部，一道上粗下细的漏斗状云耸然出现，逐渐加速回旋，扭转着身形从空中探身直下，几次试探，终于触及地面。此时漏斗云周边出现暴风、疾雨、狂雹、闪电、雷电交加，黑压压地隆隆疾行、横扫大地。沿途数十里，卷起地面的沙尘、土石、草木；遇上水塘、屋舍和人畜也一扫而空。须臾，一切又恢复了平静，留下的则是人世间无法磨灭的音像记忆。

这庞大、暴烈、神秘、瞬息万变、来去无踪的"天上访客"到底是谁？人们敬畏地流传着。他们用图像记事的方法，把它的身形描绘出来，把它刻入雕物里崇拜。他们根据它的隆隆声，取为它的名——龙。

物换星移，千百年过去了。这片大平原上的气候逐渐改变，动植物也迁徙了，龙不再出现了。这片土地上的人们只有从传说中追寻他们敬畏的"天上访客"，逐渐地他们把它形象化、艺术化，融合了各种动物的特征，代表神圣、神通和神灵，代表皇室的无限权威；这些人自称"龙的传人"。

以下是一则真实的、新时代的故事：

　　三千年后的19世纪，地球的另一面，年轻的美利坚合众国的一批批移民开始定居在北美洲中部的大草原。他们同样目睹了这庞大、暴烈、神秘、瞬息万变、来去无踪的"天上访客"。他们叫它"tornado"（西班牙文，意旋转物，以称龙卷风）。20世纪，有人拍下它的照片、影像，于是逐渐流传（见图4.6），它的存在终于广为人知，有系统的科学研究也开始进行了。如今，虽然人们对它仍是所知有限，然而可以确定的是，龙又回到了人间！

美国俄克拉何马州，1991年4月

美国俄克拉何马州，1996年6月

美国俄克拉何马州，1981年5月

美国得克萨斯州，1995年6月

图4.6　一些典型的龙卷风（见图版）
注意它们的颜色。

　　龙，曾与上古先民们共存过，却从来没有留下任何实物的真凭实据。它来去无踪，每次就这么凭空来、凭空去了。它似乎千变万化，往往还成对或多只一起出现。它也有各式体型较小的变异种，被叫作"龙子"。龙是有强烈生命力的通天神物；它的出现，总是伴随了云、雨、风、火、雷、电，和各种相辅又往往抵触的物理现象的光、声、色、波、涛；而它的行为动作更是奇特：从飞、升、登、跃、腾，到卷、潜、吸、拈、吟。据说还有超凡之人乘龙飞升，不知所终的。

这些，不都是在讲龙卷风么？

今天看过龙卷风实物或纪实影片的人设身处地不难想象，先民们在经历过恐怖的龙卷风的"洗礼"之后是绝不可能等闲视之的，而是在惊悚之余敬畏有加地将龙卷风这天上的"神物"赋予了生命（见本篇【小贴士】）。先民们刻成实雕物以及刻在甲骨文里的"龙"字，那大首弯尾、直立状、似腾空飞翔的，那栩栩如生、跃然纸上的，不就是龙卷风么？（见图4.7）

图4.7　不同时地的人们描绘的龙卷风
左图是1869年美国人留下的一幅龙卷风写真版画；右图是三千多年前中国人留下的一批象形文"龙"字。你一定会同意：他们描绘的是同样的东西！

推溯龙的起源，让我们回到那惜墨如金、语焉不详的最早期的文献里去寻蛛丝马迹。

周代《易经》六十四卦的第一卦——乾卦，就以龙做比喻。宋儒解释，这比喻圣王从潜藏到德泽普施的各阶段；近人有认为可能是描述夜空里星座随季节的推移。不论是什么，乾卦中的"潜龙勿用""见龙在田""或跃在渊""飞龙在天""亢龙有悔""见群龙无首""乘六龙以御天""云从龙，风从虎"，岂不都有龙卷风的影子？

《易经》第二卦——坤卦，说到"龙战于野，其血玄黄"。若只是三两条蛇或鼍在野外打架或说交配流了血，值得先民们花笔墨或刀工去记载吗？反之，试想大地之上，长空之中，多道龙卷风云柱盘旋、分合，瞬息万变，伴以风雷之吼，这是何等壮阔的场景，这才是"龙战于野"（见图4.8）！龙卷风周遭那混着黑黄泥土降下的雨不正就是"其血玄黄"！

美国佛罗里达州，2021年6月　　　　美国佛罗里达州，2021年6月

美国佛罗里达州，2021年6月

图4.8　海龙卷引发的"双龙出水""龙斗于渊"（见图版）
差可比拟"龙战于野，其血玄黄"的景象。

《庄子》提到过"扶摇""羊角",《尔雅》《说文解字》描述从下而上的暴风为飙、飙、飙,指的就是龙卷风(见第22篇)。《礼记·月令》有这样一句:"孟春行秋令,则……飙风暴雨终至。"《淮南子·天文训》:"诛暴则多飙风,枉法令则多虫螟",这里提到了龙卷风。《山海经·中山经》里有一段:"光山,……神计蒙处之,其状人身而龙首,恒游于漳渊,出入必有飙风暴雨。"这位住在光山,名叫计蒙的神似乎体现了古时龙和龙卷风之间的渊源。《述异记》里提到古代多有"天雨粟""雨谷"的传说,甚至天降小儿,估计是龙卷风所为。仓颉造字,穷天地之变,以致"天雨粟、鬼夜哭"(见《淮南子·本经训》)而且"龙乃潜藏"(见《春秋纬·元命苞》)。

史记《帝王世纪》里说的"季历之十年,飞龙盈于牧之野"是多么生动的一群龙卷风的大场景!《韩非子·难势》:"飞龙乘云,腾蛇游雾",龙、蛇并列,一属天上,一属地下,"各从其类也",并不混为一谈。

《左传》记载有两笔见龙事件。一是春秋鲁昭公十九年(公元前523年),"龙斗于郑时门之外洧渊"。我相信这绝不是记载蛇或鼍在某水畔打架,而是双龙卷大场景的出现,确实值得在史书里留下一笔!异曲同工,昭公二十九年(公元前513年),"秋,龙见于绛郊"。事后魏献子问家臣蔡墨:传说以前有龙出现,虽从未得见实体,还有氏族专门豢龙、御龙的,"今何故无之?"这竟是千古一问!蔡墨很认真地回答了一段,却像是在描述官派的养鼍(扬子鳄)人家,因经费不足而废养了。显然,那时候即使有学问的人如蔡墨也已经不清楚龙的来历了。连孔子也说过"至于龙吾不知"其为何物!

然而在那些传说记忆还未完全消逝之前,两千年前的西汉末,刘向在《说苑·辨物》里说:"神龙能为高,能为下,能为大,能为小,能为幽,能为明,能为短,能为长。昭乎其高也,渊乎其下也,薄乎天光也,高乎其着也。一有一亡[6],忽微哉,斐然成章。虚无则精以和,动作则灵

---

[6] 无。

以化。"东汉初,许慎在《说文解字》里承续此说:"龙,鳞虫⑦之长,能幽能明,能细能巨,能短能长,春分而登天,秋分而潜渊。"算是勉强记下了当时对龙所残留的笼统认识。把这些经典的话仔细玩味,句句都适合那出没无常、变幻多端的"通天神物"——龙卷风。"春分登天,秋分潜渊"一般解释为动物的冬蛰;我则要指出:这两句不明就里地点出了龙出没具有季节性,正吻合每年当中龙卷风发生的季节(见本篇【小贴士】)!

　　龙是什么颜色?历来对龙的颜色的描述可真没个准。《管子》说龙"被五色而游",根据五行观念,乃是青龙(苍龙)、赤龙、白龙、黑龙(墨龙、玄龙、乌龙)和黄龙。什么东西可以因时因地、十分随意地呈现这么多不同的颜色?龙卷风不就可以在不同的阳光角度下展现上述这些颜色、光影么?

　　《史记·封禅书》中记载,汉文帝应公孙臣之言,"汉当土德,土德之应黄龙见⑧",正好"黄龙见成纪⑨",文帝便"易服色,色正黄"。原来黄色之所以成为皇室独用的正色,源自一黄土高原上之黄龙,这是不是一场卷起千尺黄土的龙卷风?其后历代皇帝即位、篡位、僭位、改年号,经常都托言"黄龙见"之类,以显示上应天命。

　　龙的各种颜色中,独缺绿色,而龙卷风也少有呈现绿色的。龙没有五彩的,同样,龙卷风确实没有五彩的!顺带一提,龙的配偶——凤,倒是永远以五彩之姿出现,例如《诗经》里屡次描述的。凤的起源和原型虽然不似龙那么神秘,但同样是一个饶富趣味的课题。

　　在早期的演变里,龙衍生出多款"次级"的变异种,被归为龙子、龙属(即龙的附属)、雌龙,出现在古书(例如《说文解字》《山海经》)和

---

⑦ 动物。

⑧ 现。

⑨ 甘肃天水。

器饰中：

虬——龙无角者。有角曰龙，无角曰虬。或说龙子二角者曰虬。

蛟——龙之属，小龙，有鳞无角，似蛇而有四足。或说龙子一角者曰蛟。

螭——若龙而黄，或似虎有鳞无角。或说龙子无角者曰螭，赤螭是雌龙。

蜃——蛟属，似大蛇而有角，腰以下逆鳞。

蝼——螭属，地龙之一种。

蝹——黑色神蛇，潜于神渊，能兴云致雨。

应龙——龙之有翼者，有鱼尾，能兴云雨。又说千年之龙谓应龙。

夔龙——如龙，一足。或说状如应龙，状如牛而无角，行似雷神。

蟠龙——龙未升天者。

烛龙——人面蛇身而赤，身长千里之神[10]。

"龙生百种，种种不一"，这些漫无章法的变异种是不是就反映了各形各样的龙卷风以及本篇【小贴士】中所列出的风格各异的另类龙卷呢？

到了近世，明清以来，民间更有了所谓"龙生九子不成龙，各有所好"之说。"九子"究竟何所指，并无定论；这"九"之数，也只是言其多。兹根据一些杂记罗列于下：睚眦（别名蟋蜴）、囚牛（斗牛）、嘲风、螭吻（蚩吻）、蒲牢（徒劳）、狻猊、赑屃（霸下）、狴犴）、宪章、螭虎、鳌鱼、饕餮、蚣、椒图、金猊、兽吻、金吾、蚼。

细究之下有些根本和龙沾不上边，好像把自古以来形形色色的异兽，不论真假，根据艺术、宗教、社会、民俗各方面，各取所需，都安上了龙子的标签。这表明中国人对龙形、龙义的包容性、随意性和附和性，

---

[10] 此处为集中注释："虬"音同"求"；"螭"音同"吃"；"蜃"音同"慎"；"蝼"音同"楼"；"蝹"音同"伦"；"应龙"或为"翼龙"；"夔"音同"魁"。

这是对待其他动物绝对没有的现象。我觉得，这一方面大大增加了中国人对龙之神秘且千变万化的崇拜，以及连带地增加了我们追溯龙的起源的难度，另一方面也正突显了其根本的原因——龙从来就不曾是任何真正的动物。

我的猜想：中国龙的概念源自三千多年以前普遍可见的龙卷风；待先民们懂得运用文字记事以后龙已不得多见了，龙的起源也因年久而失真、失传；到了两千年前的汉代，基本上已经全部不见了。后世以来，龙的含义失去了凭据，反而长期因政治、社会的需求，不断皇权化、艺术化、宗教化、多元化，也就完全脱离了其原始的意义，以至于后人不明龙的传说和崇拜的渊源。

那么三千多年前龙怎么就离开中国人、绝情而去了呢？

今天世界上的龙卷风几乎都发生在美国中部的大草原地区，每年可达上千次。目前科学界对之只能说是一知半解。龙卷风这样的强速涡流，其孕育机制似乎相当挑剔——必须在温度场、湿度场、气流场的分布和相互作用各条件都处在某种适当的状况之下，才能达到正反馈现象而形成。美国中部的草原地区处于中纬度的西风带，地势西高东低。每年春夏，从南边海域过来的湿暖气流遇上从北边大陆来的干冷气流锋面，形成调制上述条件的要素。

有趣的是上述这些要素，中国大陆也样样相符。中国华北地区和美国中部草原带的纬度相同，西高东低的地势，东南临大洋，北面是广袤的大陆，其地理、地形大环境、气候条件，样样都极相似，是完全适合龙卷风产生的。

我猜想，史前在华北华中大地，强大的龙卷风是屡见不鲜的，与今天美国的龙卷风相比，可能不遑多让。可是随着时移，气候条件渐有变动，约在三千年前，中国境内气候条件逐渐不再适合龙卷风的产生，直至现今龙卷风基本上是绝迹了，偶有所发，也仅是些小型的，并不可观。

那么地球上的气候会变吗？答案是肯定确定又必定——变是常

态,不变才怪!日趋进步的现代地球科学研究告诉我们,地球上的气候不但善变,而且是不断地、往复地永变。这里所说的当然不是指稀松平常的四季变换,而是影响深远、全球性规模的变化。在各种外在、内在的动态作用下,我们的地球经历着各种时间尺度长短、幅度不一的全球温度变化。

海底长期的沉积层、大陆冰层年复一年的累积以及陆地上从天而降堆积成的层层黄土(即沙尘暴的沉积)里富含古环境、古气候的线索。分析钻井抽取出的岩芯、冰芯和黄土层里的孔虫、珊瑚、花粉等生物遗迹、沉积物氧-18同位素、磁矿物含量等,地球科学家得以还原出地球的古气候形态和其随时间的变迁,上溯可达百万年——虽然仅及地球年龄的数千分之一,可也算得上了不起的成就!加上树轮、历史纪录等近代的证据,一万年内的气候变化更是清楚了。

图4.9的上图是距我们最近的一次米兰科维奇循环,包括从十多万年前上一次温暖的间冰期进入历时十万年的冰河期,到两万年前再次迅速回暖直到现今间冰期的历程。在回暖的过程中,还曾经一度回到相对较冷的状况,即所谓“新仙女木事件”,历时一两千年。

图4.9的中图(粗黑线)显示一万年前,上一冰河期结束、大地回苏以来,有好几千年的时期里,年平均气温普遍比现今要高2℃,而被称为大暖期,持续到距今三千年前,之后才普遍趋冷。大暖期期间中原黄河流域地区温暖湿润,大地草木丰茂,禽兽繁殖,并孕育了华夏文明的启蒙。

图4.9的下图(细黑线)是最近一千年。15～19世纪的气候相比于之前的中古时期略冷,被称作小冰河期,当时全球人类生存困顿。工业革命以后人口暴增,今天人为因素造成的温室效应正在大规模地改变气候型态。曾经历过1960～1970年代严冬的朋友,近些年也正在忍受着普遍的炎夏。北极地区海冰正迅速消失,南极、格陵兰岛的冰层以及各处的高山冰河在逐渐消融,海平面在缓缓地上升。

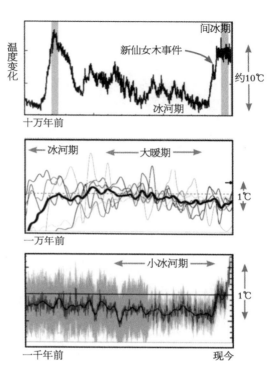

图4.9　地球上的总体温度有着时间尺度长短、幅度不一的各种变化

　　回到三千年之前的大暖期：气候的变迁很清楚地反映在动植物栖息地的南迁北移上。今天在华南普遍生长的较粗大的竹子，当时的分布向北达到华北；重要农作物稻米也是如此。我也怀疑，神农当年尝的百草是不是有很多现今只生长在南方？现今最北只在云南与中南半岛的犀和象等热带的大型动物，曾经漫游于华南、华中甚至华北大地；它们的遗骸在古兽骨冢中屡见不鲜，它们的形象栩栩如生地出现于古器物雕饰上。例如商至汉代叫作"尊"的青铜酒器，多雕饰有象和犀（见图4.10）。《尔雅·释地》以中原为中心，称："东南之美者，有会稽[11]之竹箭焉；南方之美者，有梁山[12]之犀象焉。"这景观现已不

---

[11]　在今浙江。

[12]　在今湖南。

商　象尊　　　　　　　　　　　　　西汉　犀牛尊

图4.10　古青铜酒器（台北故宫博物院藏）
酒器上多雕饰有象、犀,显示大暖期的气温普遍比现今要高。

再,一方面是因为长期人为对环境的改造和破坏,一方面也反映了现今气候相较于大暖期更冷的长期状况。类似的现象也存在于鼍、南海鳄、四不像(一种大麋)、孔雀等的分布变迁上。欧洲也不例外,数千年前南欧原始人在岩洞壁上留下的精彩岩画,不乏犀、象等热带猎物。

　　既然龙卷风的孕育机制相对挑剔,那么在气候环境渐变之后,原来可以发生龙卷风的地方就极可能让龙卷风销声匿迹了,反之亦然;这是可以理解的。我猜想,大暖期是否也见证了大量龙卷风的发生? 大暖期结束于三千年前,正符合龙的原义逐渐失传的年代,这不也正是龙卷风逐渐在中原销声匿迹的年代?

　　千百年来,物换星移。今天,北美洲成为世界上唯一可观的龙卷风的多发地区。这么说来,中原的古住民乃至更早就从北亚移栖美洲的所谓美洲原住民,不都是“龙的传人”么? 史前的人为遗迹、遗物,能作为考古依据的原本就稀少,又常需要多加揣测才得以正确地解释。然而我们的老祖宗其实是透过了叫作“龙”的通天神物,很清楚地见证、述说了他们所经历过的龙卷风的故事。

　　只是我们这些后世子孙寻寻觅觅了千百年、千百遍,竟不知谜底原来就在眼前。

摘取美国歌手迪伦（B. Dylan）一首流传广泛的经典民歌里的一段歌词："*The answer, my friend, is blowing in the wind; the answer is blowing in the wind.*"（答案，我的朋友，在风中飘扬；答案在风中飘扬。）

后记：在第3篇里，我们描述了古时先民们传说中的"烛龙＝极光"的故事：在地球磁极不断漂移的情况下，几千年来烛龙离中国人而去了。它到美洲去了，但是会回来的。令人惊讶的是，"龙＝龙卷风"的故事与之竟然如出一辙！不单是让我们认识到以今烁古、以古验今的深刻的科学意义，而且为我们"龙的传人"撒下心底的疑问：龙走了，走到美洲去了。但是，龙，你会回来吗？

小贴士

　　龙卷风发生于暴风雨欲来的气流背景之下。在浓密的云墙下，某些集中区域里形成极低气压的超级单体（supercell），四周的湿暖空气立刻疾速旋入，上升膨胀而冷却成云。凝结的云以羊角倒悬一般的漏斗状向下延伸，好似天上巨龙向下探身。周边暴风疾雨，甚至出现冰雹，闪电雷电交加，内侧有往上的旋风，顷刻把地面物体都吸上了天，形成一片黑压压的柱状，直到低气压中心被气旋填平，只在地面上留下一道"龙行"的轨迹。一个超级单体往往产生"多龙并现"，而较强大的龙卷风往往又会分裂成两个或多个气旋，有时方向相反。

　　今天世界上的龙卷风绝大部分都发生在北美洛基山脉以东、美国中部的大草原区，每年规模可观的统计可达上千次（世界上其他许多地区往往也有发生，但一来不普遍，二来规模小），多发生在春夏的白天。大型的直径在数百米，移行速度在每小时数十千米，从产生到消逝不超过半小时，定点遭风袭的时间前后不到一分钟。旋转风速估计最高可达每小时四五百千米,超过台风最高风速一倍!

最恐怖的纪录是1925年3月18日,美国中部一个宽达2千米、移行时速100千米的特大龙卷风横行穿越三个州400千米,数小时之内夺去689人的生命!另一次是1974年的4月,两天之内,在几个州的范围里,发生了至少148次大小龙卷风,夺去315人的生命。

20世纪,龙卷风才渐渐普为人知(见第22篇)。惊心动魄之余,许多人开始对龙卷风追索、研究。从职业的气象学家到组团追风的业余者及寻求刺激的追风族那里,可以得到关于龙卷风的珍贵的科学资料。

除了地道的龙卷风以外,不同的小气候条件也往往在大气里孕育出神似的次级龙卷,在此列举:

◆ 海龙卷(waterspout)——往往见于大面积的水面或近陆的热带温暖海面。细长、扭转的凝结水气柱,从水面直通云基,形态特异,俗称"龙吸水"。由于海面温差一般较陆面小,所以海龙卷的威力远逊于陆地上真正的龙卷风。海龙卷往往多个同时或接连出现,偶尔也会登陆,造成一些损害,有时还煞有介事地带来鱼雨、青蛙雨的奇观。

◆ 陆龙卷(landspout)——和海龙卷一样,都是在没有超级单体的情况下形成的次级龙卷。不同的是,它发生在干燥的陆地,没有足够的水汽,但可见到细长、扭转的沙尘柱。

◆ 尘卷风(dustdevil)——常见于干旱、沙漠地区的午后,日照使得地面产生高温差,由地面蹿升而产生旋风(whirlwind),其产生机制和龙卷风迥异。卷扬起的沙土高可达两三百米,数分钟之内来去无踪。在一片大沙漠里,每天发生次数不知凡几。连火星上都屡屡发生,被环绕火星的宇宙飞船给拍摄下来。

◆ 微下击暴流(microburst)——雷雨云基部自天而降的极强的柱状风直击地面而扩散开来。微下击暴流历时不过几十秒钟,因地面与高空之间的温差经空气膨胀、水汽凝结的热作用而产生。偶尔也带有大雨或扬起沙尘,否则并不容易被察觉。飞机起降时发生的坠机意外往往与微下击暴流及其造成的风切变(windshear)有关。

5. 天山里的一零一夜

对遥远、神秘的未知，生出旖旎的遐想；而近距离地接触、科学地探索，迎来对自然的真实体会和认识。什么才是"美"呢？

夏天去了趟新疆的乌鲁木齐。远处是雄伟、绵延的天山，白雪覆盖的青翠的松柏，耸立在沙漠绿洲之上。而更让人憧憬的是那些遥远而且神秘的天山传奇。不甘于仅仅浪漫遐想的地球子民，是否曾想揭开那些远古传奇的面纱？王母娘娘、天上瑶池、圣洁的雪莲——你可曾好奇：它们究竟是什么？

王母娘娘那慈祥广善、亦佛亦道的西域圣母的形象，其实是"无中生有"的。连"王母娘娘"这个名都是民间故事衍生出来的，其原始的名号是"西王母"。

西王母是谁？根据古辞书《尔雅》："觚竹，北户，西王母，日下，谓之四荒。"原来西王母是国名，上古时代一个距中原遥远的西方荒野里的古国。《淮南子》："西王母在流沙①之濒"；《礼记》《尚书》等说尧、禹造访过它，舜时它礼献过白琯，所以显然西王母国存在了许多个世纪。

然而，远古奇书《山海经》却三次提到西王母确有其人。其中《西山经》描写西王母："其状如人，豹尾虎齿，善啸，蓬发戴胜②，是司天之

---

① 大漠。

② 女性头饰。

厉及五残③。"是位装神扮鬼的女祭司？还是凶神恶煞的女酋长？古简《穆天子传》里，西王母却又以一位温雅的女帮主形象出场：周穆王西巡到了昆仑山，拿白圭玄壁等礼物去晤见西王母，接着在"瑶池之上"宴请西王母，吟歌互颂。《史记》讲他："西巡狩，见西王母，乐之忘归。"

那么，可能西王母所处的是个母系社会，而且该国一直有女王被称作西王母。对一个遥远又不熟悉的国度，这"人以国名"或"国以人名"的混淆应不难理解。

《山海经·大荒西经》里又说到西王母居住在"昆仑之丘"。如今叫作昆仑山的山脉横亘青藏高原的北部；可是根据《尔雅》里"三成④为昆仑丘"，昆仑是泛指西域巍峨的大山，所以祁连、昆仑、天山、阿尔泰山大概都可以含糊地称作昆仑。"瑶池"也没个定论，青海湖或罗布泊（今已干涸）等大湖并不在高山之上，而且那些无际死水的咸水湖未免也太缺乏浪漫了。天山里的美丽天池倒是颇有那个味道，就姑且认定瑶池就是天池吧！

高山上的湖泊总令人心驰神往，它们的存在也都各有原因。天池是何以致之？旅游说明上都一律引用同样语焉不详的语句——它是古老冰河期的冰河堆积土石、堵塞河道形成的高山湖泊。虽然只是匆匆地"到此一游"，我倒别有观察：

天池水源自天山博格达峰（海拔5 445米）的融雪。终年不断的溪水流出山谷，被围堵在天池（海拔1 910米，面积4.9平方千米），略事逗留后继续而下。那一路溪谷，海拔并不算高，应该不及过去冰河期的冰河海拔高度；而它的截面呈标准的"V"字形。

我们知道，由于流水和冰体对地形的切割作用力不同，溪河谷与冰河谷因而"截然不同"——溪河谷的截面呈"V"字形，冰河谷则呈

---

③ 掌管疾病、灾难。

④ 层、重。

图5.1　溪河谷和冰河谷对比

左图远处是天池的上游、呈"V"字形截面的溪河谷，近景则是堵住水路而形成天池的天然土石堰坝；右图是加拿大某国家公园一处冰河期形成的、呈标准"U"字形截面的冰河谷。两者对照鲜明。

"U"字形（见图5.1）。所以天池这标准的"V"形谷是冰河堆积物围堵而成的说法显然是不能成立的。

再看那堵住水路而形成天池的天然土石堰坝，由两侧山体成一体延伸而出，形如坍塌的堆积。而其土石的结构，从大如轿车的石块到细如沙砾的土粒，都是标准的坍塌堆积物。天池敢情是个大型堰塞湖（见本篇【小贴士】）！

大地震造成山体崩塌，堵塞河道形成堰塞湖，是屡见不鲜的。天池诞生于几千年前哪个时代的哪一场大地震，恐怕永远不得而知。但不争的事实是，天山山脉是地震活跃带，仅仅过去两百多年就有至少四次震级估计超过8.0级的特大地震。堰塞湖一般很短寿，但存在了至少几千年的天池，它的天然堰坝体积很大、压实得极为坚实，诉说着当年那场山崩地裂的大地震。

千年不溃的堰塞湖天池不禁让人联想到了王母娘娘的千年蟠桃！吃了可以长生不老的千年蟠桃不知是何物，但天山的雪莲倒是真花实景：从学术的药草书，到游戏人间的金庸小说，都说到它。清代《〈本草纲目〉拾遗》说："大寒之地积雪，春夏不散，雪间有草，类荷花独茎，婷婷可爱""其地有天山，冬夏积雪，雪中有莲。"可是很不幸地，书中又声称天山雪莲具有某些珍奇的药性。怀璧其罪，人们开始滥采这原本就已珍稀的植物。

雪莲不是莲花，它属菊科。在那海拔两三千米的天山上，高寒、贫瘠、严酷、脆弱的生存环境里，它们稀落地生长在石隙间、砾石滩上，从种子萌芽，经七八年，直到开出美丽的花作为生命的终点。然而，近年来旅游、商业的发展和交通的发达，加速着人为对它竭泽而渔式的滥采，现在要到三千多米以上才得以寻觅芳踪。全球变暖也正在把雪莲驱赶到更高的山区，天山雪莲生活面积日益缩小，如今已是濒危物种！有使命感的媒体记者的深入报道，读来着实令人心惊、心痛。

天池景区路边，乌鲁木齐店铺里，贩卖着一朵朵干褐的雪莲花。同行的晚辈买了一枝，遭我"子不杀伯仁，伯仁因子而死"地胡乱说了一通。

小贴士

　　湖泊总是由某些特殊的原因形成的。山区的各种湖泊盆地，有的是火山冷却后的陷落区或岩石围堰区，有的是地体结构拉张的凹陷区，有的是过去冰河切割形成的凹陷，有的是人工围堰的水库，甚至有的是远古的大陨石撞击坑；还有一种是天然堰塞湖。

　　堰塞湖大多是山区大地震的副产品。大地震造成山体崩塌，掉落的岩石往往落入河道并且堵挡了河道，好像天然的速成堰坝，聚水成湖，成为堰塞湖。例如2008年的四川汶川地震留下30多个堰塞湖。当然山体崩塌并不一定是地震造成的，例如山洪也会造成滑坡和新的堰塞湖。

　　堰塞湖不乏硬朗长寿的，例如天池，估计已存在了数千年。但由于天然堰坝的土石体质一般较松弱，以致堰塞湖一般都短寿，其堰坝被流水不断冲刷而遭溃解，寿命一般为几天、几月、几年。在过去科技、通信不发达的时代里，堰塞湖溃坝总对下游造成或多或少的灾祸。例如1933年四川岷江上游大地震，留下一批大大小小的堰塞湖。半年多后以及1986年两次发生溃坝事件。

作为一种自然现象，堰塞湖在多次灾难性的山区大地震后终于被端上台面，受到了应有的重视。现代的我们有了各种监测技术，包括人造卫星遥感（见图5.2），以及灾害防治系统，例如采取人工疏导甚至爆破的泄流手段。于是过去对待堰塞湖的束手无策、听天由命，如今已变成可监测、可控制的了。

图5.2　2008年四川汶川大地震在北川县造成一个大型堰塞湖，淹没村庄
右图为人造卫星在震后所摄，对照左图2006年同一季节所摄照片中原本的河道状况。

6. 浩浩神水何方来

如果有人宣称：诺亚方舟已在亚拉腊山（Mount Ararat）的山顶被发现了，你的反应是？

诺亚方舟的故事，在基督教的《圣经·创世记》里是这么说的：善人诺亚受到上帝的指示，在大洪水来临之前建成了巨大的方舟。大洪水怀山襄陵；借着方舟，诺亚一家人及动物物种得以幸存。漂流七个月后方舟停息在亚拉腊群山中，大水在第十个月开始消退。

语焉不详的亚拉腊群山是指哪里？自古以来都被认定是在高加索古老的亚美尼亚地区。更确切的地点呢？千百年来历经口述及各种文字传述，加上基督教、犹太教、伊斯兰教的教义文化各自表述，追溯之下，曾有不同的主流说法。近世比较盛行的说法，认为方舟停息处就在后来被命名为亚拉腊山的那座山。

亚拉腊山是座休眠火山，顶峰海拔5 137米，山势雄伟壮丽（见图6.1），是亚美尼亚高原的最高峰，亚美尼亚在历史上经历不停歇的争战、纷扰。如今亚拉腊山属于土耳其最靠东的国境内，邻近伊朗、亚美尼亚边界。

宗教神迹的地点，当然不会被冷落。除了古老的论证外，13世纪《马可波罗游记》就曾提过它。到了19、20世纪，陆续有攀登亚拉腊山的探险行动，甚至有热衷者自称目击方舟，但最后都以"事出有因、查无实据"告终。其间还穿插了令人好气又好笑的一厢情愿和讹传，以

图6.1　从亚美尼亚远眺亚拉腊山

小图是美国中央情报局在1949年拍摄的亚拉腊山山顶照片,其中箭头所指的长形异物,会是诺亚方舟吗?

致恶作剧、沽名钓誉的杜撰事例比比皆是。宗教热忱导致脱序行为,应该慎之、戒之。

　　新一轮的诺亚方舟热始自美国中央情报局1949年拍摄的一段航拍录像,该录像于1995年被解密,当然也少不了媒体的渲染。从影像中穿凿附会的话,可见一个长形异物横在终年积雪的山顶左侧(见图6.1)。近年持续有人试图通过高分辨率的卫星图像进行辨认,也曾有人组团实地寻觅察看(基于国防原因,土耳其政府并不欢迎),除了确认了该长形异物只不过是地质岩块外,殆无所获,然而诺亚方舟重现的传闻却从不曾间断,至今犹在。

　　且抛开木质物在露天环境有无可能数千年不朽烂这事不议,从地球科学的角度,重点并不在于高山上有没有诺亚方舟的遗踪,而是"舟在5 000米的山上"这档事根本毫无可能! 我们可以直截了当地说:"地球表面根本没有那么多水可以把任何东西抬升到海拔数千米高处。"即使今天全地球陆地上所有的冰原、冰川都融化成水，外加较为微不足道的湖泊、河水，一股脑儿流入海洋，也只够抬升海平面区区 80 米。

可是海拔 5 000 米、甚至更高，不是往往有岩层夹着鱼、贝化石吗？没错，可是那是因为今天陆地上含海洋生物化石的沉积岩层其实曾经是海底，后来因为板块造山运动，历经不知多少千万年，被慢慢抬升上去的。

但是亚拉腊山不是座火山吗？不是会因喷发、流出岩浆而"长高"吗？其实，火山长到那么高所需的时间也是以数百万年计，而且既然是岩浆喷发（亚拉腊山这几千年来并没喷发），哪可能还有任何方舟遗踪可寻呢？

子虚乌有的方舟遗踪不值得科学追寻，让我们看看那场大洪水。这里有一个公认的有趣事实：几乎所有人类古文明的早期都有大洪水的传说，甚至将文明的缘起"重新洗牌"，和大洪水画上等号。历来大洪水事件对人类文明进程的冲击不容小觑，越古老越是如此，这是可以理解的。但是，这些古传说中的大洪水是怎么回事？

诺亚大洪水这传说来自最古老的苏美文化，人类文明摇篮之一的美索不达米亚即所谓的两河流域，时间上溯到五六千年前。之后的巴比伦、希腊以至印度古文明都传述着那一次历史性的大洪水和方舟的故事，版本大同小异。最受人传颂的则是宗教版本——基督教的《圣经》和伊斯兰教的《古兰经》都直言诺亚其人。

古中国的大洪水也没少过，例如《尚书·尧典》的描述："汤汤洪水方割，荡荡怀山襄陵，浩浩滔天。"万民崇仰的大禹治水故事的背后，当然就是那四处泛滥而无从驾驭的灾难大洪水。中国西南少数民族、太平洋波利尼西亚各族以至没有文字的北美原住民、南美原住民、澳大利亚原住民都有不同的洪水灭世的传说。

真的在几千年前发生过那么一次全球性的海面大抬升吗？全球

海平面是会随着冰河期的去来而大幅度涨落；最近一次就在一万多年前，上一次冰河期结束时，陆地上的冰融化流入海，全球海平面在两三千年之中上涨了130米（见第18篇）。然而那仅相当于每年缓缓上涨几厘米，对于新石器时代海边生活的原始人而言习以为常，应该谈不上什么影响或冲击，更绝不至于被传说成种种灾难式的大洪水。全球海平面在随后的几千年里基本上都持平，没有特别的变化——直到今天我们开始担忧人为的全球暖化的影响。

既然不是全球海面大抬升，那么传说中的大洪水应该是各地区在不同时间自行发生的大洪水了，那就款式不一了。最直接的是大规模的暴雨造成的。暴雨洪水年年屡见不鲜，尤其内陆平原地区。只要来上一次"千年一遇"，就足以成为该地区传说里的大灾难洪水了，例如"诺亚洪水"在《圣经》里就被描述成大雨四十天外加地裂涌水的后果。在第7篇里，我们还要看看会让洪水屡屡发生的"水回堵"现象。

另外，当冰河期结束，陆地的冰融化时，北欧和北美大陆都有可能发生大规模的冰河堰塞湖溃堤事件，能造成毁灭性的大洪水。最富戏剧性的莫过于尝试解释"诺亚洪水"的"水灌黑海"假说（见本篇【小贴士】）。滨海地区的个案则不能排除大海啸事件——海底大地震、海底火山爆发或海底滑坡都可以引发海啸，大陨石、彗星落海会造成更剧烈的海啸，当然这些古老事件都一时无从查证。

《圣经》里的所言所述植入了西方人长期以宗教观为主导的自然认知。现代地质学在百多年前的启蒙期间曾被全球大洪水一说扯了些后腿——毕竟世界各地都有陆地上的岩层沉积着鱼、贝等海洋生物化石，这是不是就明显佐证了曾经发生的全球大洪水？全球大洪水不是很直接地解释了沉积层里的海洋生物化石吗？如前所述，现在当然已知道完全不是那么回事。全球大洪水也曾被用来解释散布在北欧及北美的许多地质中，来源莫名其妙的巨石群，现在则已确认那些巨石群是冰河期时经过冰河千里迢迢的挟带和运送，最终融化以后的堆卸物。

可不是吗，人世间想当然耳的论述，在奇妙的大自然面前总显得那么的贫乏、缺乏想象力。

小贴士

　　1998年，美国哥伦比亚大学的瑞安（W. Ryan）和皮特曼（W. Pitman）两位科学家提出"水灌黑海"假说：话说7 600年前冰河期已结束，新石器时代的部落村庄散布在膏腴之地的黑海周边。当时黑海是个内陆大淡水湖，由于全球大规模的陆冰融化，相邻的地中海的海面已随着全球海平面悄悄上涨到今天的水平，足足比当时黑海的湖面高出80米。终于，地中海满溢的水从今天的细狭的博斯普鲁斯海峡倾泻而下，灌入黑海。这超大的瀑布咆哮奔腾了几百天，终于把黑海灌满了咸海水，成为今天的模样。

　　对黑海周遭尤其是西岸及北岸坡度较缓处的先民们来说，这就是后来演变成"诺亚大洪水"传说的事件。在该过程中，剧中人诺亚还确实有足够的时间事先得到警讯，预做准备。"水灌黑海"假说很快就引发了广泛的讨论，持反对意见的科学家指出，虽然地中海海水曾经溢入黑海毋庸置疑，甚至有理论认为：冰河期去去来来，海平面涨涨落落，地中海和黑海之间也就轮流溢灌，但这一轮的水面落差应该不到30米，那么也就难以联想成大洪水的传说了。而海洋学家巴拉德（R. Ballard，泰坦尼克号遗骸的发现者）则组织了航行，在黑海进行船载水下考古探索，陆续发现了许多支持"水灌黑海"假说的新线索，例如发现水下百米有古民居遗址，还有七千多年前咸水蛤取代淡水蛤的证据。

7. 古案新审：大禹治水

人事时地物外加动机，构成一桩侦探案件。"大禹治水"的六个"W"，告诉你什么？

事（What）：那个我们从小被告知是事实、毋庸置疑的"大禹治水"事件。

时（When）：大约四千年前，具体细目不详。

地（Where）：华夏大地，范围不拘。

人（Who）：禹，黄帝、颛顼的后代。舜帝命他去"平水土"，成功后受到拥戴，成为部族共主，开创了那个（传说中的？）夏朝。

前四个"W"简单说就这样了。另外的两个"W"却是迷雾迭起：禹如何（How）治水？禹为何（Why）要治水？推论：大禹和治水画不上等号——"大禹治水"的传言疑似是乌龙报道一则。

为什么这么推论？因为那民智未开的新石器时代，没有大自然的点头，任谁都没有可能治水。而大自然点了头的话，也轮不到谁去治水。我们想象一下当时：没金属、缺工具，没机械、缺畜力，没道路、缺舟车，没知识、缺经验，没动员组织、缺物资后勤。有的顶多是在糊口养家的边缘生存的一群胼手胝足的同胞，即使大家忠心地接受禹的带领，几百人？几千人？这样就能开山导河，把遍布华夏民族九州大地的山川系统，在十三年期间，都按照意愿"治理"好吗？可能吗？我们何不跳出既定的迷思，不要再安于痴人说梦。至于古传说里安排了应龙下凡帮忙，以龙尾画地而成江河，使水入海，一举搞定；还有神龟帮忙驮土、天帝赐给息壤，云云，这些神怪事件我们这里就不予讨论了。

实情：大禹成就了比治水更基础、更重要、影响更深远的伟业——他用了十三年的时间，踏遍华夏大地，"劳身焦思，过家门不敢入"，把九州大地的山川系统勘探清楚，开展了农业、物产、经济地理学的滥觞。地理学是任何人类文明在认识生存环境过程中必须掌握的知识，对社会建立和生存的重要性不言而喻；大禹就扮演着认识和发展地理学的角色。

上古史里，许多关键的发明和发展都是逐渐累积经验而成型的，说不上归功于某一个人，虽然我们习惯象征性地这么说。例如燧人氏之于用火，有巢氏之于建屋，仓颉之于用字，嫘祖之于丝织，神农之于医药，后稷之于五谷稼穑。然而大禹之于地理大勘探，则是一番有凭有据的功业。他带动民智初开的华夏古文明大大地前进了一程。

那么，为什么一向会有大禹"治水"（见图7.1）的迷思呢？显然来

图7.1　汉墓石刻上大禹治水过家门不入的场景
注意：手执的工具是竹、木制的，就这样能平定中原九州的多年水患？

自前人刻意且一厢情愿地对古籍《禹贡》的解释。这篇最早、最全面的关于大禹事迹的记载，据考据，应是东周春秋或战国时代（大禹以后一千多年）的附会之作，归为《尚书》的一篇；《史记·夏本纪》和后来的《汉书·地理志》《水经注》都以之为本。较之《山海经》（一部可能源自更古老的地理传述，传述了华夏大地东南西北各处山川的奇人、奇物、奇事），《禹贡》明显立意求实、认真而有系统。顺便一提：到西晋时裴秀为《禹贡》主编了《禹贡地域图》十八篇，是中国目前有文献可考的最早的历史地图集（见图7.2），其"制图六体"之法极具科学性。

　　《禹贡》全篇1 193字，开篇就说"禹别九州"，禹首次厘定了九州的范围、分野。整体内容囊括了山川、地形、土壤、物产等情况，并运筹所谓贡、税的制定——篇名的"贡"就是指此；通篇读之并不会直接产

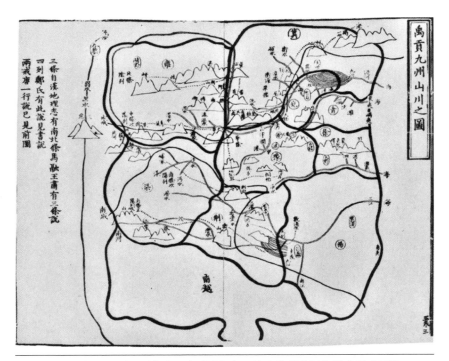

图7.2　西晋（公元3世纪）《禹贡地域图》十八篇中的"禹贡九州山川之图"
南宋淳熙十二年（1185年）雕版版本，北方朝上。

生"治"水的印象。唯一读来像主动词，而且不断出现的字是"道"或"导"，如"道某某山""道某某河"。如果直接解释为"疏导"，"道某某河"就理解成了治水；那么文中"道某某山"又是啥意思？而且难道凭一个字，就轻描淡写地一笔带过那不可能的任务吗？然而，如果将"道"或"导"解释为"历经"或"厘清来龙去脉"之意，《禹贡》就很自然、很有逻辑地成为了一篇伟人伟业的大事记！

那么，我们一般都说大禹治水是用"疏导"，对此是不是应该存疑？我猜想，关于治水，禹应该也量力而为做了些工作，毕竟根据《史记》所说，那是他一开始受命的任务（虽然《禹贡》里没这么说）。然而，实际上《禹贡》全篇只有"敷土"二字提到了具体作为。"敷土"不外是堆土、筑堤，那也正是我们一般说的、禹的父亲鲧治水所用的"防堵"之法！防堵确实是当时条件下勉强可凭借徒手人力规模所能做到的，不是吗？

该来推究"大禹治水"案的另一个关键了——动机（Why）。为什么要治水？光说"到处大水泛滥，民不聊生"是说不通的。自然界有其秩序，百姓择地而居，社会的安置自然会配合环境的条件。如果年年风调雨顺，何须治水？大水"泛滥"不退的地方，不就叫作湖泊或沼泽吗？这需要治吗？需要治水，是因为原本可以安居的家园，却频频遭逢了大水泛滥，恐怕是环境变迁了？这是为什么帝舜要禹去"平水土"、为什么更先前帝尧要鲧去治水的原因。鲧治水的结果是"九年而水不息"，以失败告终；而禹治水的那十几年可能比较风调雨顺，泛滥情况基本止息，于是就归功于他治水成功了。实情则是，中原大地的水患在后来的几千年历史里竟是从来没有止息过！

于是，一个科学议题跃然出现——为什么那时人类生存的地域频频泛滥以致急需治水？其实不只是华夏，人类诸多古文明里，都有灾难性大洪水的传说。怎么回事？

第6篇里说到，全球海平面会随着冰河期的去来而大幅度涨落。

最近一次就在一万多年前：上一次冰河期结束时，大量高纬度地区的陆冰融化流入海，全球海平面在两三千年之中上涨130米。这就是那时的大洪水吗？应该不是。因为这样的全球海平面上升是很缓慢的，对上古先民哪怕是海边居民的直接影响也是属于不知不觉的，不可能衍生出灾难性大洪水的概念来。可是，全球海平面上升衍生出的间接的后遗症可麻烦大了，许多突发事件对当时当地的人民确实会带来莫大的灾难！

这么说：今天全世界到处都有大面积的冲积平原（或称河流泛滥平原），几百以至上千千米一望无际的平野。你留意到吗？它们都处在海平面，比海平面高不了几米，一路到海边仍然与海平面基本齐平（就是三角洲）。这是巧合吗？当然不是。这是因为河川在流入大海之前自然减缓下来，带来的陆源泥沙也自然沉积在这高度，而逐渐"长"成的大平原。也就是说，在人类大规模居住的大地上，生存攸关的水土的静态分布和动态变化，是以当时的海平面为准，与海平面处于一种"稳步平衡"的状态。

现在，想象前述的海平面涨落，也就是地球确实所经历的冰河期去来的实际状况。假想海平面突然下降100米。平衡状态被打破，大平原的泥沙开始被河川雨水侵蚀、带走，堆积到更下游的新海平面去了，直到整个地形达到新的平衡；这过程也许要几千、几万年吧。现在再想像海平面突然涨回100米，先前的冲积平原的平衡状态开始逐渐再回复，可是这回复过程所经历的几千、几万年里，所有的河川中下游长期都处在水"宣泄不通"的状态，全球无处幸免！相对低洼处积水成湖泽；当水过多时，就横流肆虐——这不就是各古文明里共有的灾难大洪水的来历么？这变迁没有名字，暂称"水回堵"现象吧，属于地形地貌学（geomorphology）的研究范畴。

以中华大地为例，从有历史记载至今日，我们一直见证着当年全球海平面上升后衍生的"水回堵"后遗症。自然积水生成大小湖泽的同时，也开始逐渐淤塞以至最终被填平——最著名的是曾经在先秦时期浩瀚的云梦泽，如今已被淤平成为江汉平原，只剩下区区的洞庭湖和零星的水体如洪湖，而洞庭湖也正在快速的消亡中。历史上黄淮平原的河川经常漫溢，以致屡次改道和互相袭夺——包括黄河、淮河、海河等，这是大水找不到顺利出口的体现，甚至往往在低洼处灌注出新的大型湖泽，例如洪泽湖、微山湖，而相对较小的水体更不用说了，例如水浒好汉们的老巢梁山泊；当然，它们也都正在或快或慢的消亡中。虽然说"水回堵"是自然现象，但人为也一直在篡改它的进程，都一并带来短期或长期的利弊和各种后遗现象。时至今日，人类其实仍在积极地想方设法治水，除了技术有长进以外，基本上和鲧、禹的方法没有差别！

这是"大禹治水案"带来的启示。至于大禹其人，他比你以为的更真实，也更伟大。

后记：有科学家撰文[①]：1）推论出约四千年前，黄河上游青海省积石峡有一次地震中堰塞湖的溃坝事件。2）这事件造成的一场大洪水也就是大禹要治的洪水。细究之，前部分是根据地质调查，属专业研究，学界自有论断。至于2），我认为其研究的意义，在于以现代科学来理解古传说的尝试，而并不在于是否成功地举证了与大禹治水的牵连。鲧、禹受命要治的水患，是长期的、频繁的，不是一次性的。该堰塞湖的水体据估计有十几立方千米，一旦溃坝确实会对下游造成灾难性的大洪水，但那水量也只及现黄河年总水量的1/3，或长江三峡库容的1/3，或如今每年南水北调的1/3，再怎么也不至于在整个华夏大地肆虐了九年外加十三年吧！再说，即使硬要对付那样一次性的泛滥，相较《禹贡》里面描述的场景、立意以及成果都大相径庭，显然是两码事了。

[①] Wu Q, Zhao Z, Li L, et al. Outburst flood at 1920 BCE supports historicity of China's Great Flood and the Xia dynasty. Science, 2016, 353（6299）: 579–582.

8. 一代司天监,千古说梦溪

历代费心刻版、印刷,以及阅览《梦溪笔谈》的文人雅士和书商,你们让这部伟大著作得以流传千古。这一篇短文谨献给你们。

醉侯先生自清华大学退休后,定居江苏镇江的月华山脚的月华楼,平日与诗友吟游。一日不意在一家店铺前,见一块阶石上赫然刻有"梦溪"两字,细看还有"皇宋乙丑""中元月建"题额,怅然感喟,当下和诗友张罗了把那块古碑石赎了来,慎重安置于梦溪吟社壁上。

那是民国25年(1936年)的事。镇江是我的祖籍,醉侯先生是我的曾祖父,月华楼是我祖父的置产。这段故事来自父亲整理曾祖收录于《醉侯诗集》的诗稿里的。如今那碑石物归"原主",展于镇江沈括故居梦溪园展厅内。沈括是一千年前北宋的大学者,梦溪是他退隐于镇江的居所,宋朝是赵氏先祖建立的王朝,镇江的大港镇是我祖上子褫公的封地。

真荣幸我居然可以和沈括上连下串、左牵右扯出这样奇妙的渊源和邂逅!沈括是谁?

沈括(1031—1095),字存中,北宋杭州人,仁宗时进士。他做过司天监、水利督察、盐政,参与过王安石的变法运动,出使过辽国,干过边防,当然也不例外地被贬过官。这些仕途中的立德、立功见仁见智,然而真正不朽的,是其立言:他晚年退居以梦中萦绕的清溪为名的梦溪园,写成了千古流传的《梦溪笔谈》。

这是部让我心驰神往的著作（仅次于《三国演义》吧）。全书26卷，加上《补笔谈》2卷、《续笔谈》1卷，约10万字，分17门学问，大半论及科技，是沈括汇集了毕生所见所闻，加以思考、申论所记。沈括对自然界超凡的洞察和联想、逻辑的推理和归纳能力，以及追根究底的精神，在字里行间展现无遗。这是一部文词精准而优美、发人深省的伟大的科学著作。

一千年前的科学著作？那时无论东西方，人类的文明里其实并没有我们今天认知为"科学"的事物——既缺逻辑推理的思维，更无实验普适的概念，当然也就无从论及科学的内容和应用，那么哪来科学著作？确实，《梦溪笔谈》并没有提出理论、假说，加以实验证明和推导预测的一套现代科学的精髓过程；它只是许多条列式的记述。然而，这是多么精彩而且珍贵的记述啊！

欧洲学者眼中的中国古代文明的所谓四大发明，对世界人类文明的进程有决定性的贡献；其中之一是印刷术。我们后人对北宋时毕昇制作的活字印刷术的认识（见图8.1），就是归功于《梦溪笔谈·技艺》里约三百字的一段细述："其法用胶泥刻字，薄如钱唇，每字为一印，火烧令坚……欲印则以一铁范置铁板上，乃密布字印满铁范为一板""印数十百千本，则极为神速"，云云。毕昇死后，其印刷活版的原物，就由沈括和从属们珍藏着。活字印刷在往后的中国，由于各种实际原因（包括中文字数太多，字块材料不良），并没有取代雕版印刷而大行，其技术却于四百年间传到了欧洲，谷登堡（J. Gutenberg）在1456年用活字印刷术印制经文（拼音文字的字母有限），促进了随后西方文化的迅速进展。

"石油"一词也出自《梦溪笔谈》。《杂志》卷里记录延州[①]"境内有石油……惘惘而出"；沈括扫其燃烟试做墨，居然胜过松墨。他说石油

---

① 今陕西延安一带。

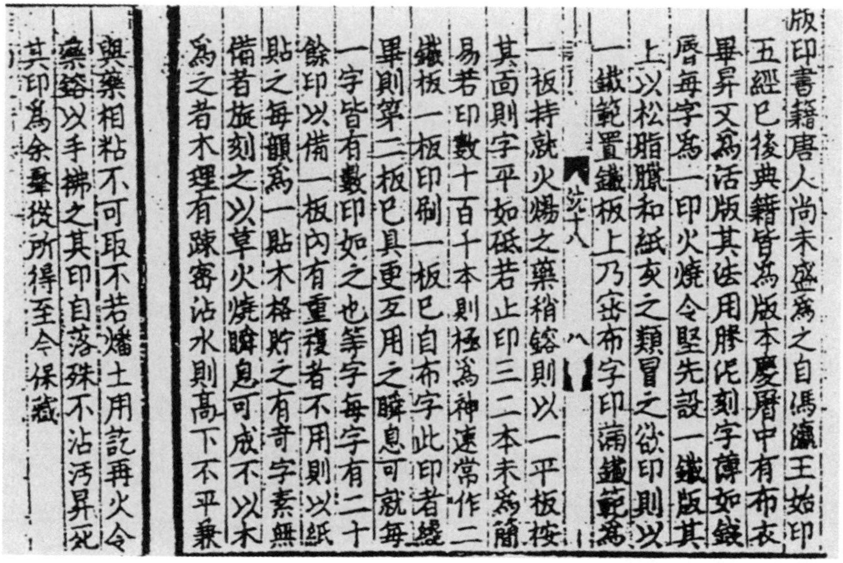
版印書籍唐人尚未盛爲之自馮瀛王始印五經已後典籍皆爲版本慶曆中有布衣畢昇又爲活版其法用膠泥刻字薄如錢唇每字爲一印火燒令堅先設一鐵版其上以松脂臘和紙灰之類冒之欲印則以一鐵範置鐵板上乃密布字印滿鐵範爲一板持就火煬之藥稍鎔則以一平板按其面則字平如砥若止印三二本未爲簡易若印數十百千本則極爲神速常作二鐵板一板印刷一板已自布字此印者纔畢則第二板已具更互用之瞬息可就每一字皆有數印如之也等字每字有二十餘印以備一板内有重複者不用則以紙貼之每韻爲一貼木格貯之有奇字素無備者旋刻之以草火燒瞬息可成不以木爲之者木理有疎密沾水則高下不平兼與藥相粘不可取不若燔土用訖再火令藥鎔以手拂之其印自落殊不沾汚昇死其印爲余羣從所得至今保藏

图8.1 《梦溪笔谈》的一古代刻本

本篇描述的是毕昇制作的活字印刷术。

“生于地中无穷”，而且“此物后必大行于世”。他对千年后的人世居然有如此精准的预料！难料的是，对石油的大量需求，竟成为今天人世动乱的祸根！

沈括对地质的观察和见地更令人叹服。《杂志》卷记述，他沿河北的太行山，见“山崖之间往往衔螺蚌壳及石子如鸟卵者，横亘石壁如带；此乃昔之海滨，今东距海已近千里”。他认识到“所谓大陆者，皆浊泥所湮耳”；差一步就能合理地怀疑到地体的造山运动了。谈到天下奇秀的浙江雁荡山时，他记“峭拔崄怪上耸千尺”的诸峰却“包在诸谷中，自岭外望之，都无所见；至谷中则森然干霄”。他推断原因为“谷中大水冲激，沙土尽去，唯巨石岿然挺立耳”。以致“自下望之，则高岩峭壁；从上观之，适与地平，以至诸峰之顶，亦低于山顶之地面”。诚哉斯言！几乎可以进一步估计地质的年龄了。

四大发明的另一项，沈括亦有着墨：“方家以磁石磨针锋，则能指南，然常微偏东，不全南也。"这是地磁偏角的细察。他描述了让磁针悬浮的几种简易方法；还注意到磁针"有磨而指北者"。还有一则说到闽人如何处理荔枝株，结果使"其核乃小，种之不复芽"——这不就是今天市面上的玉荷包荔枝吗？

《神奇》卷里，写铁陨石的坠落："天有大声如雷，乃一大星几如月……远近皆见，火光赫然照天"，坠后"视地中只有一窍如杯大，极深，下视之，星在其中荧荧然，良久渐暗，尚热不可近"；该物"色如铁，重亦如之"，后藏于镇江金山寺。有对球状闪电（ball lightning）的描述："堂之西室，雷火自窗间出，赫然出檐……及雷止，其舍宛然"，仅银器、钢刀等物"悉镕流在地"。他讶异这种"火"为什么不"焚草木"却"流金石"。

雷州多雷，据传"世人有得雷斧、雷楔者，云雷神所坠，多于震雷之下得之"。沈括曾亲自在一雷击处得一雷楔："信如所传。凡雷斧多以铜铁为之；楔乃石耳，似斧而无孔。"这里的雷楔，就是俗称的雷公墨？沈括接受了它形成于震雷的说法；现代对之则有更戏剧性的理论（见本篇【小贴士】）。

《异事》卷描述龙卷风、海市蜃楼、冰晶冰雹、地动、化石、磷火、硫火、佛尸、夜明珠、古镜、宝剑、南海巨鳄、海豹、天禄等，栩栩如生、饶有奇趣。还写"素无竹"的延州有一次"大河岸崩，入地数十尺，土下得竹笋一林，凡数百茎，根干相连，悉化为石"。沈括见微知著，正确地推论地球可能存在长期的气候变迁：是否"旷古以前，地卑气湿而宜竹邪？"在许多不知其所以然的情况下，他会加上"莫可原其理""非人情所测也""穷测至理，不其难哉"等字眼，这是"知之为知之，不知为不知"的学问精神，答案留待后人来参透吧！

其实，曾为司天监的沈括，在《梦溪笔谈》书里着墨最深的，是天文、象数和历法，其他还包括音律、医药和各种典章制度、艺文人事。全书内容可说包含了今天科博馆里会展示的事事物物。要真正体验全书的博大精深，可不能如我上文这样以管窥豹，得发挥你的古文功夫，细细品读，你将惊叹于古人的智慧及巧思，佩服的同时，恐怕也会同情古人在没有科学知识基础的情况下，仍挣扎着试图去了解身处的大自然的奇妙。

　　古来天赋异能之士，如流星倏然划过夜空，于历史长河中留下灿烂的一瞬；沈括就是这样一颗灿烂的流星，如同四百年后西方世界的达·芬奇。我遐想：他的一生中，可能常笑天下苍生的马虎、误谬和不求甚解。他若有幸生在近世，无疑可像伽利略、达尔文、瑞利爵士（Lord Rayleigh）那些大科学家一样，成为树立典范、举世推崇的大师。透过大师的立言，我们有幸得以与大师跨越上下千年对话，聆听大师的传授和教诲，这是多么的令人感动！

小贴士

　　《太平广记》引《岭表录异·雷公庙》：雷州"每大雷雨后，多于野中得礜石，谓之雷公墨。扣之铮然，光莹如漆。"雷公墨可入药，见明李时珍《本草纲目》内"霹雳砧"和"雷墨"二目："掘地三尺得之，其形非一，有似斧刀者""黑色光艳至重"云云。

　　这些地质学上叫作玻璃陨石（tektite）的小块黑色玻璃石，多呈泪滴、哑铃、球、砧、斧楔等各种流弹形（见图8.2），大者不及拳，散布在世界上目前已知的几个地区：美国东南部、欧洲中部、非洲西部，以及最大

图8.2　小块流弹形的黑色玻璃陨石样品
来自由陨石撞击而爆溅起的高温液化的岩石碎块。

范围的澳大利亚到东南亚，乃至中国的雷州半岛、海南岛。各区的玻璃陨石都有其特定的生成年代。它们的来历、说法不一。目前学界较为认同的说法如下：地球被特大的陨石撞击而爆溅起的大量的岩石碎块，在高温液化状态下，穿行于大气中迅速冷却成为玻璃质，呈流弹形，像雨一样洒落方圆千里范围内。千万年来混入土石表层，往往在大雨或雷雨后露出土表，捡拾来把玩却不知实情的古人便把它叫作"雷公墨"。

9. 康熙·台北·湖

道不尽的沧海桑田，背后是那永不止息的地质事件和气候变迁。

时间：清康熙年间；地点：台北盆地；事件：曾有一个悬疑的梦幻之湖。

整个故事缘于一位人士短暂的台湾经历。郁永河，字沧浪，浙江杭州人，明末清康熙年间人，生卒年不详。郁永河虽然算不上名垂青史的人物，却留下了传世的游记《裨海纪游》[①]一书；又因书内的一段文字，在三个世纪后的今天引起了地球科学界的一番"学海生波"。

话说康熙三十五年（1696年），福建福州火药库失火，焚毁硝磺火药五十余万。时任闽知府幕僚的郁永河主动请缨，前往台湾北投采硫磺补充库存。他于次年二月由厦门乘船出发，到达台南安平，招募工人，"乘笨车"迤逦北上，到达北投后驻地采硫、炼硫，至十月返回福建。《裨海纪游》一书，翔实生动地记述他大半年在台湾的所遇所做、所见所闻，也因此侧面记述了台湾当时的风土民情，成为了解台湾历史的珍贵史料。

书中记述他们北行到达当时蓁莽洪荒的台北盆地（见图9.1）：沿海岸边到八里，借当地少数民族的艋舺（一种独木舟），渡"水广五六里[②]"

---

① "裨"音同"皮"，意思是"小"。

② 约两三千米。

图9.1　面朝西北，望台北盆地的立体地形图
图中山脚断层下方所有的平原市区差不多就是当初"康熙台北湖"的范围。

的淡水河口，在淡水整顿数日后，于五月朔，"共乘海舶，由淡水港入，前望两山夹峙处，曰甘答门③，水道甚隘。"没错，淡水河口由大屯、观音两山夹峙于关渡。然而，接着他说："入门，水忽广，溿为大湖，渺无涯涘。行十许里，有茅庐凡二十间，皆依山面湖，在茂草中，张大为余筑也。"而且"浅处犹有竹树梢出水面，三社旧址可识。沧桑之变，信有之乎"？

　　怎么，今日已是百里洋场、万户邻比的台北市，当时是个大湖？更确切地说，这个"康熙台北湖"是个半封闭形的海湾！而且显然是距离当时不久以前形成的，因为竹梢还露出水面呢。《裨海纪游》的行文记述翔实，但并没有提到会造成台北盆地大洪水的雨涝（虽然阴历五月是梅雨季节），而且行舟从外海进入时完全平静而无任何障碍，显示"康熙台北湖"必定是和外海直接相连的，否则大洪水宣泄入海必定湍急。再者还有依山面湖而建的茅庐，以及根据书中后续的记载，显示这海湾湖当时并没有随时间而消退。依据同样的推理，可以排除大湖的成因

③　今台北关渡。

是台风或海啸后遗的效应。

那有可能是堰塞湖吗？地质事件偶尔会造成短暂性的堰塞湖（见第5篇），例如地震抬升、特大山崩或大屯火山岩流正好把淡水河口堰塞住，圈留河水成为大湖？然而台北并没有这类事件的迹象或证据。而更明确的是，既然行舟可以直接从外海平静进入，显然不是进入一个高于海平面的堰塞湖的场景。

会不会是那时海平面突然上涨，就把台北盆地淹成了个海湾湖？也不可能。全球海平面在近几千年里基本持平，并没有过此种行为。再说海平面上升是全球性的，不会是发生在台北盆地的单一事件。是的，我们人类今天正忧心忡忡地面对着全球增温下的海平面上升，但其缓慢的程度，和"康熙台北湖"的形成条件与现象完全不可同日而语。是的，一万多年前，上一次冰河期结束，陆冰融化入海，全球海平面在两三千年内上涨了130米之多。这些冰河期、间冰期的全球海退、海进，确实在台北盆地的土石沉积层里留下丰功伟"迹"，但这到底还是与康熙台北湖的形成时间和过程八竿子打不着。

那么"康熙台北湖"究竟是怎么回事？答案其实就写在郁永河书中几句生动而清楚的对话里，接待郁永河一行人的淡水社长张大说道："此地④高山四绕，周广百余里，中为平原，惟一溪流水⑤；麻少翁三社⑥，缘溪而居。甲戌四月，地动不休，番人怖恐，相率徙去，俄陷为巨浸，距今不三年耳。"

让我为你还原《裨海纪游》所写的事件过程：那年四月某日"地动不休"的大地震（而不是坊间文字相互转述的，地震整个四月震个不休），整个台北盆地的"地板面"顿时沿着西边的山脚断层断裂，面向西

---

④　指台北盆地。

⑤　古淡水河。

⑥　当时三个当地少数民族村落。

斜陷达数米,陷落量向东渐减至于台北的东缘,海水立时从淡水河口倒灌而入。这场景让缘溪而居的"番人怖恐,相率徙去",很快该地区完全"陷为巨浸"。三年后某天,郁永河见到的是"渺无涯涘"、竹梢露出水面、"康熙台北湖"一片平静,其面积估计不下100平方千米。根据现代的地质调查,这样的过程,在过去几十万年里,每隔500~1 000年就会发生一次。《裨海纪游》写的这一段,就是最近发生的一次。

遗憾的是,纪游所写竟是有关那次大地震唯一能找到的文献记载。康熙年间,台湾初隶属福建,还没编写地方志,加上当时的北部还处于汉文化莫及的"化外"之区,地震再大、海浸再广,都没有造成所谓的灾情,以致从清宫档案里找不到对此只字片语,地方行政官员常向朝廷反映地方灾情、申请赈灾款的奏折里亦付之阙如。至于福建或浙江沿海地区的地方志,也都没有记载,这是可以理解的,因为这次地震震级不是特别大,且震中距离大陆沿海地区毕竟还远,并没有造成灾害。

"康熙台北湖"本身倒是在正式历史文件中曾再次出现:康熙五十六年(1717年),《诸罗县志》山川总图里所绘的台北盆地,实际上就是个西广东狭的海湾(见图9.2),绕过湾口的关渡,直接与外海相连,与《裨海纪游》的描述完全一致。随后的《雍正台湾舆图》同样清楚地描绘着台北当时完全是个海湾湖(见图9.3)。

但是很快的,台湾陆地上一向剧烈的侵蚀、沉积作用,只用不到五十年就可以将斜陷数米的低地淤平了。在乾隆六年(1741年)的《重修福建台湾府志》地图里,以至更后来的各款地图里,湖已经不复见,仅剩淡水河道了——反倒是与"康熙台北湖"形成以前的《康熙台湾舆图》一致。晚清以来,这些河道也基本淤塞不利航行了。反过来说,早先台北盆地开发期淡水河之所以利于航行,河港繁荣,应是拜先前地震陷落形成的"康熙台北湖"所赐。

走在台北的街头,是不是会对自然界的沧海桑田、人世间的历史更迭有更深一层的感悟?

图9.2 康熙五十六年（1717年）《诸罗县志》山川总图之北域（见图版）
中央绘有波浪、帆影处就是"康熙台北湖"。红点大约是郁永河采硫的湖边
居处；双红线是现今关渡大桥的位置。

图9.3 《雍正台湾舆图》同样清楚地描绘着台北当时完全是个海湾湖

10. 海陆之际的灾变：海啸

　　　　海和陆好像永远在那儿较劲争地盘。沧海桑田捉摸不尽，海啸灾变又起。这里，人文历史为地球科学记录了深沉的篇章。

　　2004年12月26日，苏门答腊9.3级大地震引发大海啸，在印度洋周边各地吞噬近30万生灵。2011年3月11日，日本东北外海9.0级大地震，引发同样的大海啸，重创日本。惊魂甫定的人们不禁要问："我们的地球怎么了？"

　　我们的地球没有怎么了。海啸从来不是新鲜事，以前有，现在有，将来一直会有（见第22篇）。小海啸经常有，但是来去无踪、没人在意；偶尔有大海啸，淹没海岸、成为灾难。大海啸是大自然时不时地给人类的"当头棒喝"，以此来严正警告人类：在自然灾害的名单上，可别轻忽了它！

　　地震频仍又四面环海的台湾岛，是不是最令人担心？

　　台湾岛的存在，是拜欧亚与菲律宾海两个地体板块所赐，它们联手在犄角处挤压形成这座岛。台湾岛体破碎，密密麻麻分布的断层相对较短，破裂时造成的地震震级也很有限。1999年的"9.21"南投地震震级为7.6级，差不多是台湾岛地震的上限了。

　　岛外近海呢？南部外海有南北走向的马尼拉海沟，东部外海有东西走向的琉球海沟，长度则都不容小觑，一旦产生大断裂，估计会造成震级超过8.0级的地震，很有可能在台湾地区引发夺命大海啸！

好在台湾岛周遭的地理、地形倒挺帮忙，西岸是浅浅的台湾海峡，平均水深才60米，局限了海啸的能量，非其用武之地。东岸面向深广的太平洋，海啸可能来自大洋彼岸例如南美智利、北美阿拉斯加的大地震，但是万里迢迢跨洋远来，到达时已是强弩之末，顶多几十厘米高。另类的可能则是沿西太平洋例如日本的地震海啸，在途经的各群岛间绕来绕去、一路消散，到台湾岛时也不成气候了。倒是台湾岛自己近海发生的地震海啸确实需要严肃对待，好在东海岸地形从深海上升到陆地时相当陡峭，很不利于海啸能量在沿岸累积入侵，因而降低了海啸的危害潜力。

那么相对比较令人担忧的，是台湾的南端、北端了。历史记录怎么说？

台湾的历史记录能说上话的不超过三四百年，越早期的翔实度越差。因为海啸的地区性、短暂性，再加上古人对它莫名所以，所以海啸即便发生，也大都没有被注意到或记述下来，偶有记述也是语焉不详，又常与风浪或大潮相提并论，难以判辨。真正能明确判定为大海啸的，曾经有两次。

一次是清乾隆四十六年（1781年）五月间在台湾南端的高屏地区。清道光年间编纂的口述历史、乡里传闻的《台湾采访册》的《祥异》篇记载："凤港西里有加藤港，多生加藤，可作涩，染工赖之，故名云。港有船通郡，往来潮汐无异。乾隆四十六年四五月间，时甚晴霁，忽海水暴吼如雷，巨涌排空，水涨数十丈，近村人居被淹，皆攀援而上至尾，自分必死。不数刻，水暴退，人在竹上摇曳呼救，有强力者一跃至地，兼救他人，互相引援而下。间有牧地甚广及附近田园沟壑，悉是鱼虾，拨刺跳跃，十里内村民提篮契筒，往争取焉。闻只淹毙一妇，妇素悍，事姑不孝，余皆得全活。嗣闻是日有渔人获两鼍，将归，霎时间波涛暴起，二物竟去，渔者乘筏从竹上过，远望其家已成巨浸，至水汐时，茅屋数椽，已无有矣。"

　　记录十分生动，显然是一场大海啸，情况之惨烈恐怕不下苏门答腊或日本的海啸。我们不知道"数十丈"是不是"数十尺"的误抄或误传，或只是吓死人不偿命的夸大形容，但那次海啸绝对相当恐怖。叙事没有提及海啸前是否有大地震，也并不在意其原因，毕竟它原本就没打算作为有任何科学意义的文献。文中又穿插夹杂了一些人物场景，包括两则以"闻①"起头而读来"无厘头"的故事。其中"闻只淹毙一妇"云云，是什么涵义？

　　在当时已是万民聚居的高屏海岸边，这样的大海啸吞噬的人命绝对多不胜数，而不止一条。我的解读：叙事者听说的，是某大家族除了一位不孝的悍妇被海啸淹死外，都得以全活。叙事者太过热衷揭露此"天理昭彰"之事，乃至不明就里或不求验证地认定此次海啸总共只淹死那一人。

　　本事件出现在境外学者的记载里时，确实是另一番场景。虽然这些记载的详细缘由、过程以及真实性，都有待仔细查证。日本学者鸟羽德太郎称："台湾海峡海啸，海水暴吼如雷，水涨持续一至八小时。海啸吞没村庄，无数民众在海啸中丧生。"尤有甚者，苏联学者索洛维耶夫（S.L. Soloviev）依据荷兰及英国的资料，说"影响全岛的地震，伴随横扫台湾岛西南沿海的海啸，造成巨大的破坏。海啸沿途120千米，地动与海啸持续肆虐达8小时；三个重镇和二十余个村庄，先是被地震破坏，随后又为海啸浸吞。海水退去后，剩下堆堆瓦砾，全无幸免。四万多居民丧生，无数船只沉没或毁坏。在一些原本伸向大海的海角处，被冲刷形成新的悬崖峭壁和海湾。安平镇及赤嵌城堡连同其坐落的山包均被冲跑"。

　　另一次海啸是将近百年后的清同治六年（1867年）12月18日，发生在台湾岛北端的基隆。《淡水厅志》里《赋役志》记："鸡笼山以肖形

――――――――――
① 听说。

图10.1　记录了1867年基隆海啸的《淡水厅志》

《淡水厅志》里绘制了那次地震的可能震中及海啸淹没范围。

名,同治六年地震崩缺。"《祥异考》更这么记:"冬十一月,地大震。廿三日,鸡笼头②、金包里③沿海,山倾地裂,海水暴涨,屋宇倾坏,溺数百人。"(见图10.1)

西班牙神父阿尔瓦雷斯(J-M. Alvarez)1930年所著《西班牙人的台湾体验》一书称:是日台湾地区"北部地震更烈,灾害亦更大,鸡笼全被破坏,港水似已退落净尽,船只搁浅于沙滩上;不久水复回,来势猛烈,船只被冲出,鱼亦随之去。沙滩上一切被冲走。原本建筑良好之屋宇被冲坏,土地被沙掩没,金包里地中出声,水上冒高达四十尺;一部分陆地沉入海。基隆港内,有若干面积下落较原来为深"。索洛维耶夫亦称:受此海啸影响,水面先下降135厘米,随后上升165厘米。

还有一次,在因缘际会下记载于西方航海者笔下。1853年(清咸丰三年)10月29日,美国海军的运输船南汉普敦号报告称:行经距台湾地区东岸约十英里今花莲外海处,见到由海底火山喷发而冲出海面的柱状喷烟,相当猛烈,但未见小岛形成或岩浆活动,忖度该处海底相当深。数天后,另一艘美国海军炮舰马其顿号驶经同一海域,所有的帆

---

② 今基隆。

③ 今金山区。

布上竟都黏附了白色灰尘。

　　当时，这两艘船舰正准备参加一项日后改变了日本以至世界历史的"炮艇外交"行动：由佩里（M. Perry）率领的美国海军舰队强行叩关，日本门户洞开结束了锁国。该行动竟附带地留下上述这一笔珍贵又引人入胜的地球科学资讯。那次的海底火山喷发，曾造成海啸吗？更基本的问题，其实是：宜兰外边的龟山岛活火山岛、台东外海的兰屿和绿岛两处死火山岛的存在，解释起来已经让科学家够头疼了，花莲外海怎么又冒出火山喷发的事情来搅局？

　　至于这几次海啸是在何处又如何发生的？其肇事者，是地震？是地震造成的海底大滑坡？是海底火山爆发？难道是大陨石落海？面对这些过去的不知，只能捉摸揣测了。扑朔迷离的地球科学，未结之案比比皆是。"福尔摩斯神探"们，盍兴乎来？

天地因缘

11. 阴错阳差

12. 又见龙年

13. 春日札忆：时空、阴阳、五行

14. 地老天荒问几何

15. 天旋地转寻根由

16. 问苍茫大海何去何从：经纬之辨

17. 问苍茫大地何去何从：方向为凭

18. 北回归线，归去来兮

19. 昼夜分"明"

11. 阴错阳差

差差错错，都怪年、月、日的时间长度相互之间不是整数倍。

日月如梭，斗转星移；季节的变换对大多数不再亲近自然水土的现代人来说是什么？ T恤、毛衣之差异？ 暑假、寒假的轮替？ 不同的当令水果？ 季节就这么来，又这么走了。好像听任社会的安排，我们的日子就可以安妥地度过了。

假如我问你"农历新年"是啥意思？你多半会回问我是什么意思。好吧，我问你："农历"是啥？农历吗，不就是那个古老的社会遵循使用的旧历吗？不就是那个我们熟悉的阴历吗？

假想你是古老的、务农的社会里的农夫。你若很不幸地认为你应该遵循阴历来从事农活，不久你就发现，别家都生活无虑，而你却农收失序，以致三餐不继了。这原因简单不过：决定植物生长的诸多因素如温度、湿度、雨量、日照，全由太阳管辖，与月亮无关。所以，千万不要误以为农历等于阴历！任何一个在农业社会里能够运作的农历，必须是彻头彻尾的阳历！

阳历、阴历究竟怎么不同？ 简言之，阳历以年循环为准（见本篇【小贴士】），季节自然出列，简单明了。人类社会的行事韵律当然是取决于年循环，也就是阳历。现行的全世界通用的公历，是约定成俗的一款阳历，它以冬至后第十天作为年的起算日，配以 12 个所谓"月"，当然还得置入闰日，来配合不是整数天的年长度。

阴历则以地球所见的月相盈亏周期（约29天半）为单位，这周期并不刚好整除一年——累计12个周期还比一年短约11天。对不起，月相周期其实没引发什么了不起的自然现象，除非你是海边某些遵循潮汐规律的水生生物。

可是月相周期不是大大地方便、丰富了我们东方文化的日常生活吗？于是我们保留着阴历，同时当然希望它尽量配合阳历的步调，于是按照某特定的程序，每隔两三年就得安插个闰月，所谓十九年七闰，以免阳历、阴历渐行渐远，之间的关系乱了套。

自古以来，中国人在实际生活，尤其农务上所遵循的节气，是一套地道的阳历的准则。节气把一整年分为24等份。念给你听二十四节气的称谓，你会很直观地理解到，它们是追随太阳的，而与月亮无关：立春、雨水、惊蛰、春分、清明、谷雨、立夏、小满、芒种、夏至、小暑、大暑、立秋、处暑、白露、秋分、寒露、霜降、立冬、小雪、大雪、冬至、小寒、大寒。有一个耐人寻味的现象：世界各文化对待时间，都不约而同地采用十二进制（这当然是因为十二这个数字适合等分），例如十二时辰、十二星座、十二生肖、甲子六十年、24小时、60分、60秒等。二十四节气也不例外，偏偏年周期也恰巧差不多是十二个月周期！

其实你仔细回想：节气在每年阳历里的日子，不都是固定的吗？这不就已经说明了节气是阳历的吗？可是细究之下，为什么在阳历上节气的时间又常常会有一两天的出入呢？例如清明节，可能前一年在4月4日，而当年在4月5日。夏至、冬至、春分、秋分亦如是（见图11.1）。这就得回到节气的定义：以现代的说法，二十四节气是根据地球绕太阳公转黄道面的经度（即黄经），每15°来等分；所以落在哪个日子确实会因闰年、非闰年之故而稍有出入。严格讲，根据这定义，前后两节气之间的间隔（一般在15.2天左右）也会稍有不一；原因是地球绕日的椭圆轨道（根据开普勒第一定律），其运行速度（根据开普勒第二定律）随着距离太阳的近、远而略有快、慢之别（见图11.1）。

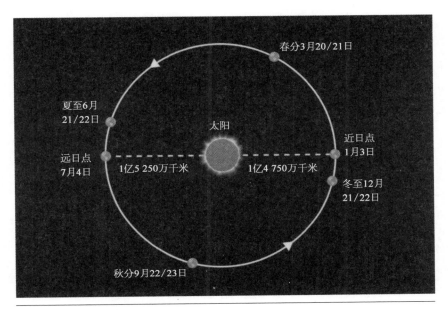

图11.1　"俯视"黄道面

标注了阳历二十四节气中最关键的夏至、冬至、春分、秋分,在地球绕日公转的椭圆轨道上的相对位置。

　　无独有偶,古西方人以类似的方式,将一年之中走马灯似的夜空星斗,分成固定的十二段,命名了黄道十二宫星座,甚至选的分隔点也和中国节气一样。于是二十四节气和十二星座自然地形成了二对一的关系(见图11.2)。一东一西、一昼一夜,虽没有什么深奥的科学意义,却饶有生活趣味。更仔细地说,其实二十四节气是十二个"节"与十二个"中气"相间排成。夏至、冬至、春分、秋分是中气,对应着十二星座的间隔点,节则处于十二星座的中间点。夏至是指夏的极值,不是夏天"到"了,立夏才是夏天到了。冬至亦然。而春分、秋分则指一年中昼夜对"分"之日。

　　俗称"种田无定例,全靠看节气",农业社会归纳出一箩筐民谚,例如"春分不种麦,别怨收成坏""懵懵懂懂,清明下种""大暑不割禾,一天丢一箩""白露种高山,秋分种平川"等。这些民谚的内容可不是放

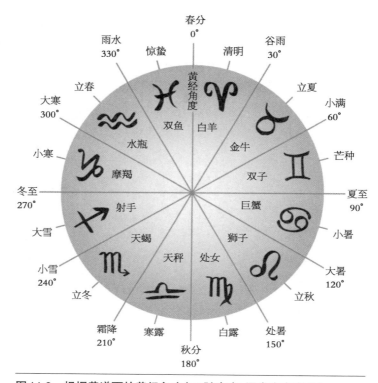

图11.2 根据黄道面的黄经角度（0°随意定，通常定在春分）
中国人将一年等分为二十四节气，西方人分之为十二星座，自成二对一的关系。

之四海皆准，而是因地区、纬度而异的。同样，根据节气衍生出来的说法，例如"三伏天""九九歌""清明时节雨纷纷"，都可说是反映着各地的实况。这样的民谚，记录着各地过去的天候规律，却成为比对今天全球气候变迁的一批宝贵资料。

二十四节气首见于公元前104年汉武帝时颁令的《太初历》（见《淮南子·天文训》）。后世历代沿用这种阴阳合历，其本质是实用的阳历，背后跟着一个前面提到的设法与其保持"亦步亦趋"的阴历。古时候记日子习惯用阴历，因而所有阳历节气，在每一年颁行的黄历或农历上的日期年年不一。这情况和现代版相反：现今以阳历记日子，于是阴历节日落在阳历上的日期年年不一。三大民俗节庆:除夕加新年那前后两天是朔日,端午的月相是个上弦月,中秋是望日,以及其他诸多民俗节日:元宵(上元)、七夕、中元、重阳、下元、腊八等,外加诸神佛的庆典,都属阴历。

所以,下次老奶奶叮咛"未食五月粽,寒衣勿入柜",你会明白那只是个大致的说法,因为阴历的端午早迟不定,和季节、天气间的关系并不那么全然确立。同样地,听到叔叔说:"中秋节一过,夜就要长过昼啦",你得去纠正他:"不是阴历的中秋,而是阳历的秋分啦"。而你也不再迷惑,为什么元宵节晚吃元宵时得以赏月,而冬至吃汤圆时则少有这福分。

至于阴历新年,大家都喊它"农历年",严格说来确有不妥,但也无伤大雅,也罢,就随俗吧!

小贴士

地球绕日一圈的周期为一年。严格定义的年叫作恒星年(sidereal year),由度量相对于银河系星斗的坐标系统的相位而得,时长365天6小时9分10秒。但是对于地球居民而言,更有实际意义、与节气真正同步的,是回归年(tropical year)。回归年是以春分或秋分(亦即黄道面和赤道面的交点)为起讫点计算的年长度——365天5小时48分45秒,即我们定为标准的公历年,它略短于恒星年。这差别是因为地球受到月亮和太阳施加在其椭率上的潮汐力矩,以致所有节气沿绕日轨道逆向缓缓漂移,有点像陀螺打转似的缓慢进动现象(见第28篇)。若采用恒星年或其他不同定义的非回归年作为标准,即使其间差别很微小,但累积多年后,就会发现夜空里黄道上的星座(中国的二十八宿或是西方的十二星座)相对于我们现用的标准年历都会渐渐偏离了。更糟的是,季节也逐渐乱了套。这就是各个古文明都曾经历过的所谓"岁差"现象。

　　还有，此处所谓一天，是指我们习惯用的24小时的太阳日（solar day），不是地球在空间自转一周的恒星日（sidereal day，23小时56分4秒）。虽然对地球自转现象本身的物理参数而言，恒星日确实才是真正的周期，可是我们当然坚持使用太阳日，毕竟我们是根据太阳的"韵律"在过日子的啊。

12. 又见龙年

十二生肖民俗,背后有着引人入胜的历史文化交流的故事,外带许多的未知。

来应征研究助理工作的年轻人此刻坐在我面前。我手中翻着他的简历,上面写着:"……出生在 × 月 × 日的我,属于 × × 星座,因此我的性格……"我盯着这"因此"两字,无奈地自忖:"我能放心把逻辑推理、科学论证的工作交给这样的人吗?"思绪又不禁跳到那更深沉的疑惑:我们的教育怎么啦?

古今中外,总不乏用来"占凶吉""卜运势""判命相"的占卜玄机术,于今尤烈,似乎和科学教育的普及正在齐头并进,这真令人泄气。西方人常用的占星术,是套用一年中夜空里走马灯般的黄道十二星座。星座的划分和名称,的确提供了夜空里的相对坐标系统,尤其是对最热闹的黄道面上下,挺实用的。榜上有名的"众星们",除了都是银河系里离太阳系较近(因此看起来较亮)的星星外,互相并无关联。它们在夜空中的安排不过是从我们所在的角度看出去的排列,也没有特别的物理意义。那些动物、人物或怪物的命名,当然更只是古西方人的主观附会、浪漫神话而已。之后却演变成了占卜的根据,以人类的社会心理学来推想,似乎也挺自然的。

同样的一批夜空星斗,中国人把它们定为二十八宿(就是宿舍区的意思)——角宿、亢宿、氐宿、房宿、心宿、尾宿、箕宿、斗宿、牛宿、女

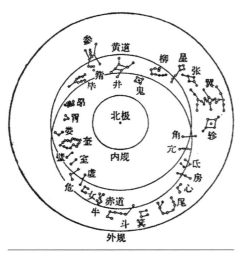

图12.1　根据汉代的说法，描绘出二十八宿相对于黄道、赤道、北极的平面投影

宿、虚宿、危宿、室宿、壁宿、奎宿、娄宿、胃宿、昴宿、毕宿、觜宿、参宿、井宿、鬼宿、柳宿、星宿、张宿、翼宿、轸宿（见图12.1）。另外，中国人自古以来，还有一套标记时间的循环计数法，也就是干支纪年——甲、乙、丙、丁、戊、己、庚、辛、壬、癸这十天干，和子、丑、寅、卯、辰、巳、午、未、申、酉、戌、亥这十二地支，形成六十年（也叫一个甲子）的循环。

上面的这一大串读来颇具古意又不够浪漫的命名，本义是象征着时节、生物兴衰的循环规律。例如《说文解字》说"辰，震也"，是三月雷电震动，代表农时、天时，万物皆生，意义与节气里的"惊蛰"相同；而"巳，已也"，代表"四月阳气已出，阴气已尽，万物见成"。如此，地支好像也代表了一年里的十二个月；而地支又被正式沿用来标定一日之内的十二个时辰。不过渐渐地，它们都一并演化成了占卜术。

另一方面，在中国还有同样用来纪年的十二生肖：鼠、牛、虎、兔、龙、蛇、马、羊、猴、鸡、狗、猪，这都是民间生活中最熟悉不过的牲畜，外加两款熟悉的野物和一个人人熟悉、却个个不知道是啥的龙。十二生肖通俗、有趣又实用，人气自然无法挡，据以占卜凶吉、运势、命相，更是不在话下。大人们还编出一套哄孩子的故事，说十二生肖的排序，是那一次玉皇大帝广邀动物们各展技能、长途赛跑的名次云云，还不忘附带编出一番哲理。西方人管十二生肖叫"Chinese zodiac"，近年来在"地球村"里蹿红（见图12.2），"村民"口耳相传，于是你属牛、他属猴，"村口"那一家子都属猪，不亦乐乎。

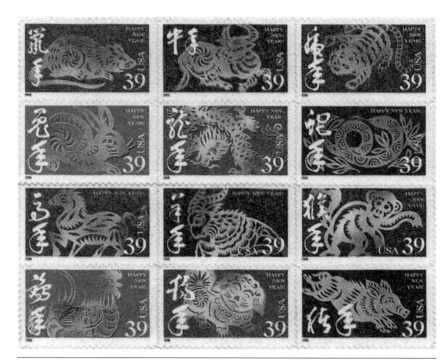

图12.2　美国邮政局一连十二年在中国阴历新年推出当年生肖的纪念邮票

可是,十二生肖真是源自古代中华文化的产物吗?

相较于中华文化里的二十八宿和天干地支,十二生肖的文化意象、对应的思维方式显然很不同。更何况,既然已经有十二地支,何必重复创造出功能相同的十二生肖呢?并存之下,两者也就自然被一对一配了对,于是子鼠、丑牛、寅虎、卯兔、辰龙、巳蛇、午马、未羊、申猴、酉鸡、戌狗、亥猪就这么莫名其妙地出现了。例如《吴越春秋·阖闾内传》说道:"吴在辰,其位龙也,故小城门上反羽为两鲵绕以象龙角;越在巳地,其位蛇也,故南大门上有木蛇。"

东汉王充的《论衡·物势》篇里,对上述这一堆配对和它们的排序,以及当时盛行的阴阳五行、相生相克之说,试图理出个能够自圆其说的头绪,结果可想而知——挖了东墙补了西墙,又垮了东墙漏了西墙,左支右绌。追根究底,原因很简单:十二生肖其实是强加进来的舶来品。世界各文化对待时间的循环更迭,都不约而同地采用了十二进制(见第11篇),十二地支和十二生肖的匹配其实是"乱点鸳鸯谱",用之于占卜,除了增加趣味性以外,并没有什么意义可言。

历代的学者们一般较认同中国的十二生肖传自西方的说法。古代西方文明包括巴比伦、埃及、希腊、印度,以至历代西域各国、北方游牧民族、西南各民族,都有十二动物纪年之说,各版本都多少带有各地的特色。例如,古巴比伦的十二兽是:牡牛、山羊、狮、驴、蜣螂、蛇、犬、猫、鳄、红鹤、猿、鹰;埃及的版本与之基本一致,只是狮和猿对调;希腊的则有鼠无猫。

在亚洲甚至包括古匈奴等游牧民族及其东欧的后代,各地的十二兽与中国版本基本相同。韩国、日本的版本传自中国。印度、泰国的版本是:鼠、牛、狮、兔、那伽(类似龙)、大蟒、马、羊、猴、金翅鸟、狗、猪,背后的典故有着浓浓的佛教意味;越南的版本是把泰国版本中的兔换成猫。这些十二动物纪年的传统,其起源、沿革,究竟是谁先谁后谁学谁,可真是难说得很。

在中国,可以确定的是,十二动物的记载最早可溯自先秦。1970和1980年代,先后在湖北云梦县及甘肃天水市的秦墓葬中出土了大批秦代的竹简《日书》,是秦时(公元前3世纪)的"日者"(占卜者)的占卜账,类似于今天的黄历。《日书》中有一节列出12种动物用来描述每天的盗贼的长相,依次是鼠、牛、虎、兔、□、虫(蛇)、鹿、马、环(猿)、水(鸡)、羊、豕(猪)。有趣的是:十二动物独缺了老五,用"□"表述——这正是后世以龙填进去的位置。在中国的十二生肖里,龙是唯一不真实的动物(见第4篇),却和其他11种平凡的动物平起平坐,另一方面也相对应着印度、泰国的那伽——佛教中类似龙的神物。此中似带玄机?

进一步以纪年的十二动物作为个人的属肖,则最早见于南北朝。

《周书·列传第三》记载了北周的国师宇文护的母亲写给他的一封信，信中说："昔在武川镇生汝兄弟，大者属鼠，次者属兔，汝身属蛇。"北周是北方鲜卑胡人建立的国，而且这时佛教东传正盛。其后《唐书》中记载："黠戛斯国①以十二物纪年，如岁在寅，则曰虎年。"而《宋史·吐蕃传》中也记载：吐蕃首领在叙事时，以动物纪年，"道旧事则数十二辰属日，兔年如此，马年如此。"以上似乎都印证了十二生肖源自西方的说法。到了近代，最清楚的说法就属清代赵翼的《陔余丛考》："盖北俗初无所谓子丑寅卯之十二辰，但以鼠牛虎兔之类分纪岁时，浸寻流传于中国，遂相沿不废耳。"

前事未定，十二生肖的故事还继续在写。每逢龙年，据说规划或抢在那年出生的小孩数量会比其他生肖年要多。那么属龙的孩子要在同年的同侪中出类拔萃、出人头地，以至被录取、录用的机会，以及得以分享到的经费、教育等资源，都会相对比较低，这和原本"龙子龙女"的愿望显然是背道而驰啦。这种家庭计划是不是得不偿失，外加庸人自扰？

---

① 唐代西域的汗国。

13. 春日札忆：时空、阴阳、五行

岁末新春，令人感怀大自然的韵律、人世间的传承和天人的合一。

我常想，人类对自然界和对自我存在的认知启蒙，应该是人和其他动物有所区别之处吧。顶神奇的是，造物演化能够让人脑发展出对空间及时间那样完全抽象的概念的认知。

中国古人的智慧，体现在使用的词汇里。你可知我们常挂在嘴边的"宇宙"是指什么？"宇宙"一词，首见于《庄子·齐物论》："奚旁日月，挟宇宙。"而这两字单独的意义，见于更早的春秋时《文子·自然》[①]："往古来今谓之宙，四方上下谓之宇。"战国时杂家著作《尸子》也记录了同样的讲法。所以，"宇"就是三维空间，"宙"就是一维正向的时间。中国古人将构筑宇宙的空间和时间架构合而为一，来代表宇宙本身，精妙的哲理在焉！两千多年后，爱因斯坦的狭义相对论正式将四维的时空予以统一，并导出"$E = mc^2$"，统一了质量和能量，成就了20世纪创新的物理大业。

无独有偶，现代中文里更常用的"世界"又是何义？追本究源，"世界"一词源自古印度佛经。"世"是指时间，《皇极经世》："三十年为一

---

① 文子是老子的弟子，所著《文子》一书与《老子》《庄子》《列子》并列为道教四部经典。

世,十二世为一运,三十运为一会,十二会为一元"定义了"元会运世"。"界"则直指空间、方位之意。"世"与"界"合用,也点出了在佛道的哲理里时间与空间共存并行。

时空的四维架构里并不是空无一物,而是充满了"东西"。也是狭义相对论,将物质和能量统一了,成为一体的两面。对待"东西",古人当然也尽其所能地加以诠释。中国古人认定的物质,以"五行"来概括。而那看似无体无形、却无所不在的能量和它的流移,连同那捉摸不定的空气,则一并被归纳为"气"来理解。为了诠释物质和能量之间的关系和运行法则,古人又发明了所谓"无极而生太极""易有太极,是生两仪,两仪生四象,四象生八卦"(见《易传·系辞》),和八卦叠合成为六十四卦的哲理,初具二进制数学的雏形,其中两仪就是"阴""阳",形同"零"与"一"。

第一个以现代数学语言阐述二进制数学的,是微积分的发明者、德国数学家莱布尼茨(G. Leibniz),其缘由与中国的阴阳八卦没有关系(虽然莱布尼兹曾醉心于古老阴阳八卦所代表的数学哲理)。二进制数学后来在布尔(G. Boole)系统性地开展下,为日后成为电脑逻辑运算奠定了基础。而中国人的阴阳哲学,始自《易传·系辞》"一阴一阳之谓道"的道理,其中"上焉者"引导出中医相生相克的蕴理,"下焉者"则沦为占卜问卦、推算风水的伎俩,如今"阴阳八卦"倒成为"地球村"人民朗朗上口的用词。

"五行"是什么? 在现存的古文献中,"五行"最初出自《尚书·洪范》:"五行:一曰水,二曰火,三曰木,四曰金,五曰土。水曰润下,火曰炎上,木曰曲直,金曰从革,土爰稼穑。"郑玄注:"行者,顺天行气也。"是指自然的运行。《尚书·舜典》有言:"在璇玑玉衡以齐七政",唐代孔颖达注疏:"七政谓日月与五星也。木曰岁星,火曰荧惑星,土曰镇星,金曰太白星,水曰辰星。"中国古人巧妙地将天上可见的日月五星,匹配上自己发明的阴阳五行,将它们对号入座——日是阳(太阳),月是阴

（太阴），肉眼可见的五颗行星分别配以五行水火木金土之名。

现在我们知道这配对并无实质意义。五星和五行之配，其实早先已见于《淮南子·天文训》，但那毕竟已是汉代了，所以五行的起源和五星原本也无直接的关系。至于现代中文里的"行星"，是意译自西方"游走者"的意思。日文则撷取"荧惑"（火星）这个古名，管行星叫"惑星"，盖因它们在夜空里的特立独行，令人迷惑。

回到古人对物质的看法。也许是理所当然，各个古文明中人类在试图理解自然环境时，都出现过"基本元素论"及其生生灭灭的哲理，这成为几千年来文化里根深蒂固的错误认知，直到被近代的物理、化学知识所取代（见本篇【小贴士】）。埃及、巴比伦、希腊、中国、印度等各古文明无一例外。除了中国的五行外，其他文明的基本元素榜上，都是土、水、火、空气或说风，有的外加一物——无所不在的"以太"，而金并不在列，只有中国的五行包括了金。

这"金"究竟是指什么？《说文解字》说金泛指黄金、白金（银）、赤金（铜）这几种以纯态自然存在的金属。可是它们极其少见，怎么会成为"以成万物"的五行之一呢？那么五行的"金"是指金属？可是除了金银铜以外，金属在自然界里都是以化合物存在的，与各式各样的岩石在外观上并没有什么不同，不专门冶炼是无法得到的，那怎么会被特别挑出来当作原始、基本的五行之一？这令人百思不解。

同样古老而渊源更加扑朔迷离的奇书《山海经》中，很多处以稀松平常的语调出现：某某山"其上多金玉"的语句。在古代无法到达的深山、高岭，古人不具备一定勘察知识的情况下，这里的"玉"应该是泛指坚硬、有色调的变质岩种，而"金"应该也只是含有闪烁晶体的岩脉吧！此"晶"非彼"金"，也许不值得深究。

可是《山海经》又有多处出现：某某山"其阴多铁，其阳多赤金"之类的语句。"铁"就是铁这种特定的金属，有什么特定的缘由被挑来记载？诚然，铁是很普通的岩矿成分，风化过的土石泛红或呈深棕色，就是因为含氧化铁（铁锈）较多之故。但它毕竟不呈金属态，从外观、物性上无从认出铁的存在（见图13.1）。另外，地球上确实有一种以金属形态自然存在的铁块——天外飞来的铁陨石，可是其稀少的程度，绝对不是可以用"其阴多铁"来形容的。那么上述的记载，莫非是未经查证的臆测？或是说该处真开采了铁矿？我又百思不解。

中国古籍里关于"金""铁"的文字，表示当时先民就认识到金属的特别及重要性；那么，五行哲学是发生在人们掌握冶炼的技术、金属被大量应用以后的事了？《尚书》《山海经》的成书，至少其部分的内容，也都是在这些以后的了？

考古人类学的证据，指出早在五千多年前人类古文明的摇篮——西亚的近东地区就已出现了青铜（铜、锡或铅合金的统称），在三千多年前，又进入了更先进的铁器时期。而在古中国，在相继较晚数百年至千

图13.1　南非的一处铁矿（见图版）
自然界的铁矿多以深红或深棕色的氧化铁形式呈现，并不呈金属态，因此某山"其阴多铁"，肉眼是无从辨识的。

年的年代里,似乎无缘无故地以同样的顺序,进入青铜时期、继而进入铁器时期。这些应该都不是偶然的,而是源于自西方经由中亚、西域传入中国的金属冶炼技术。

　　古代东西方文明交流的相互影响和冲击的程度,恐怕远大于我们的认知。敞开视野,跨越不同学术领域,大到诸多攸关历史进程、地缘文化的疑惑,小至蛛丝马迹,都等待着我们发挥科学逻辑来探索和深究。

小贴士

　　在历史文明进程中,得以从古希腊亚里士多德的物质"基本元素论"(也就是五行)的千年魔障中破茧而出,拉瓦锡(A. Lavoisier)可说厥功至伟。拉瓦锡出身法国贵族,以其对自然界深刻洞察、逻辑归纳的功夫,加上执着的实验能力,他明确地揭示了物质不论如何组合或分拆,物质不灭的道理。物质不灭是现代化学的基础,唯有确认了它,才有可能理解我们的物质世界。不幸的是,拉瓦锡最后被法国大革命荒唐地送上了断头台,死后两年得到平反。

　　再早一个世纪的玻意耳(R. Boyle),除了诸多早期的物理研究(包括有名的玻意耳定律)以外,他对物质世界的理解有很关键的贡

图13.2　拉瓦锡、玻意耳、道尔顿三位科学家的画像

献,堪称现代化学的启蒙者之一。有趣的是,玻意耳一生的研究其实植根于炼金术,他相信物质可以转化,而他的实验结果却引入了化学元素和化合物概念的雏形。

　　集大成者是道尔顿(J. Dalton)。他在1802年前后提出的原子论,将化学变化的道理一以贯之,置入简单、合理、可验证的模型里,正式终结了"基本元素论"。1869年俄国人门捷列夫的元素周期表,以及20世纪的量子力学和原子结构理论,都是后话了。

14. 地老天荒问几何

张飞战岳飞，战得满天飞，半路却杀出程咬金，一举千军平定，万马齐喑。于是太宗纠合天下，定于一尊。

人生长可百年。想象100倍速回溯这漫漫百年，我们来到一万年前的原始人石器时代；再乘以100倍，那差不多是地球行将进行上一次磁场倒转之时；再乘以100倍，则来到恐龙称霸地球的时代。至此还只是回溯了地球年龄的2%而已。地球够老，老得令人咋舌，地球今年46亿岁。

这个数字我们是怎么知道的？"地球的年龄"这议题，恐怕是地球科学进展史上最重要、影响最深远的科学公案。几世纪来，各方先知异士轮番上阵，从宗教、博物、地质、物理、化学等方面演绎了对这个议题的高见，众说纷纭、各持己见，往复攻防，其精彩程度不下《三国演义》，却全都落得个谬以千里的结果。最终胜出的，是一支不相干的物理异军，从斜刺里杀来，揪出个完全出人意表的答案。

【上半场】

话说古老的东西方文明，除了中国的"盘古传说"和西方基督教的《创世记》，是持有"开天辟地"起始点概念的特例以外，大抵都视时间为循环流转,无始无终(人生的轮回、轮番的大洪水、玛雅长历的换页都是案例)。"地球今年几岁?"根本不成为问题,也无从回答。

随着地理大发现和天文知识的进展,15、16世纪民智渐开,地球在浩瀚宇宙中的空间概念逐渐形成,然而时间的概念则依旧不甚了了。1650年,爱尔兰主教厄谢尔(J. Ussher)根据基督教《圣经》的字面记述,认定地球诞生于公元前4004年。这番我们现代人视为笑谈之论,一方面不幸地造成了相当深远的误导,一方面也将"地球年龄"这议题正式端上台面,一桩历史公案如是起始。

躲不掉的"当头棒喝",是在世界各处普遍可见的化石——这些千奇百怪的远古生物遗骸,是哪来的? 夹住它们的一层层的岩石是怎么回事? 17世纪的丹麦人斯滕森(N. Steensen),可能是第一个系统性观察、推理,而正确认识沉积岩层里的化石的人。然而化石的存在,见证的只是地球短短六千年的岁月吗? 尽管心中隐隐作痛,当时的人仍旧以简单一句"这是上帝的作为"就抱持着大事已定的心态。

百年后,英国人赫顿(J. Hutton)这位被誉为现代地质学之父的伟大科学家,才真正参透了地形地貌背后的地质作用和变化。人类也才意识到,化石和沉积岩层竟是地球以它独特又有创意的方式,撰写成的一页页伟大史书! 也必得从地球六千岁的那圣经式认定中完全跳脱出来,才有可能理解地质变化的沧海桑田、海枯石烂,和那必须经历的天长地久、地老天荒。

当时工业革命正夯,到处有矿山、铁道、运河在开挖,人们开始看到更多前所未见的地层,于是"地球有年龄"的信念加速植入人心。赫顿本人倒没有对之追根究底,他也没有预见化石上下分层、类聚的渐变,以及其分布的规律性。参透后者所代表的意义的,是"英国地质学之父"史密斯(W. Smith,见图14.1)和法国人居维叶(G. Cuvier)。他们利用沉积岩层和其间古生物(已成为化石)兴衰作为指标,建立了地层相对时序的逻辑(见本篇【小贴士】)。

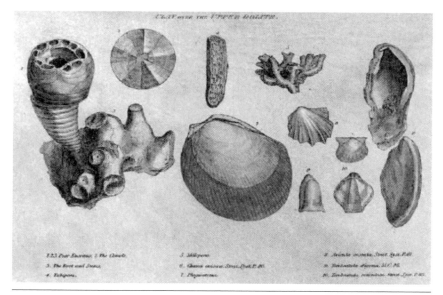

图14.1　史密斯1815年出版的英国地质图集
里面列举他所搜集、研究而且钟爱的化石标本。

　　然而，这"相对"的时序，虽能够确认"甲比乙老"，却无法确知甲或乙的绝对年龄。当时最有"见地"的地质学家，恐怕也只能虚心（或是心虚？）地说："地球总有几千万到几亿岁吧"（见图14.2）。

图14.2　美国大峡谷
厚达两千米的岩层记录了几亿年间千百种古水生生物化石的兴衰，后来岩层被抬升为陆地，再被流水切割而呈现出来。有着这种地貌的地球，一定相当老吧！

从地质古生物的时序可以清楚看出，生物体的复杂度随时间而增加，而某生物一旦灭绝就不再重现，表明时间是单向不循环的。这些无疑曾给予达尔文的物种演化论极关键的启示。达尔文深知物种演化的过程需要天长地久，绝不是短短六千年可以对付的。他抱憾而终，并不知晓地球的实际年龄对他要求的天长地久而言，其实是绰绰有余的。

地质学家、博物学家尽了力了，那物理学家和化学家呢？物理学家可以秉持的论证出发点是：太阳系的所有成员都是同时形成的，混沌的太阳系"婴儿时期"，各行星在重力凝聚的过程中，重力势能都撞成了热能，以致行星都处于灼热状态。那么地球一路冷到如今这个状态，需要多久呢？物体愈大则冷得愈慢（见第26篇），法国人布丰（C. Buffon）亲做实验，根据一系列大小铁球的冷却速率，他断言地球年龄是74 832岁，甚至断言地球再过93 291年就会冷到无法居住。人们对此将信将疑。

开尔文爵士（Lord Kelvin）登场。大师出手果然不凡，他将场景拉大，通过前述星球凝聚成灼热状态的道理，加上热力学的物理原理，他推估太阳少不了一亿岁、多不过五亿岁。

同理，他推算地球冷却到如今已有9 800万岁。几年后他将地球的年龄调整到2 000万～4 000万岁之间。开尔文爵士在科学界权高望重、一言九鼎，时人信服于他的物理推导，殊不知他出发推算所假设的物理机制其实是错误的！就这样，地球这位"高寿公"，在过去很长一段时间里一直被正式误认为"少年郎"。

另外还有一些蹊径来"搅局"，虽然仍旧是谬之千里，却是饶富创意。其一：月球对地球造成的潮汐摩擦，一面使地球自转减慢，一面让月球逐渐远去（见第28篇）。达尔文的天文学家儿子乔治（George Darwin）根据这一道理，假定地球形成时的自转周期是3～5小时，推估得到地球的年龄当在5 600万年上下。这项因误估导致的差错，因素包括潮汐摩擦的强度其实并不能够"以今溯往"，因为它取决于陆地、海洋的地理分布，而后者是随着地球的板块运动而一直在变的。

其二：海洋接收陆地冲刷来的物质，包括了可溶的各种盐分，于是海水的盐度在累积之下逐渐增高。这简单的道理，可用以估计海洋的年龄——天文学家哈雷（E. Halley）曾做如是想。19世纪至20世纪初，陆续有地球化学家仔细估算，得到的海洋估计年龄，从2 500万～1.5亿岁不等。不管其估计值为何，现在我们知道，由于板块运动对地球表面（包括海底沉积物）的持续"洗牌"，现今海洋的年龄和地球的年龄根本是两码事——好比餐馆万年锅里的高汤，眼前锅内的汤料并不能告诉你，这汤是哪年哪月开始烹煮的。

地球到底几岁？好像我爱看的电视节目《犯罪现场调查》里的一起凶杀案：不会自己说话的尸体现在就躺在警员眼前。现场血迹显示情景A，凶器显示B，鞋印显示C；有路人甲、乙、丙报告他们在暗夜当时看到、听到些什么，却互相兜不拢；有动机的嫌疑人一、二、三号都证词凌乱、语多隐晦；加上人权律师百般阻挠，检察官不断掣肘，媒体恣意报道，办案人员精明干练却各有心结。案子办成这样，有希望水落石出吗？关键的DNA有吗？在哪里？能一锤定音吗？

【下半场】

话说当各方先知异士，各说各话地宣称推算出地球的年龄应该是数千万岁之际，证明他们的误谬的新线索已在完全意料不到的园圃里悄悄地萌芽。

1896年，巴黎植物园一角里的实验室中，法国科学家贝克勒尔（H. Becquerel）在荧光物质的实验中，偶然发现含有铀元素的矿石可以让照相底片感光。随后几年里，居里夫妇（P. Curie，M. Curie）以实验结果指出，这种新型的、他们称之为"放射性"的神秘射线来自元素本身，与化学无关。他们百折不挠，从沥青矿中陆续分离出极少量、放射性强过铀数百倍的两种新元素——镭和钋，更发现伴随着放射性，有大量来路不明的热能被释放出来。居里夫人还注意到，她分离出的钋元素（钋-210）有约140天的半衰期。

同时，英国的科学家卢瑟福（E. Rutherford）的测量则发现：放射性样品夹杂的某些其他的微量元素含量会持续增加。他以超人的洞见，指出原子的放射性牵涉到原子的蜕变——放射性元素在放射过程中摇身变成另一种元素，就像古时炼金术所妄想的那样。他实验显示：放射性放出三种射线，他称之为 α、β、γ。

居里夫妇证实 β 射线其实就是早先汤姆孙（J.J. Thomson）发现的电子。卢瑟福则证实 α 射线是氦原子（后来知道其实是氦原子核），而 γ 射线其实是高能的电磁波。卢瑟福1911年所做的令人称道的 α 粒子散射实验，揭露了原子内的质子团形成的原子核。至1932年，查德威克（J. Chadwick）发现了原子核里的另外成员——中子。

这些世纪新发现，似乎和地球的年龄这档事是全然的风马牛不相及。然而其隐含的两项耐人寻味的物理事实，在科学家的推展之下，很快地完全颠覆了过去所有对地球年龄的（误谬）推估和认知，为人类对地球生平以至太阳系整体的认知，谱下新的乐章。

现在我们知道：原子核由质子（带正电）和中子（不带电）构成，质子的数目就是该元素的化学原子序数，中子（数目或多或少，代表不同的同位素）则负责把这些质子团聚在一起。某些原子核（尤其半径太大时）并不安分，会自动释放α或β射线而蜕变成另外一种元素——我们称不稳定的母元素借由放射性衰变成为子元素。

衰变时释放的能量是从哪来的？对于物理学家的大困惑，在1905年，爱因斯坦相对论的质能公式 $E = mc^2$ 适时地提供了答案：衰变前的母元素的质量，略大于衰变后的子元素加上射线的质量，这微量的质量亏损都"羽化登仙"，成为能量啦——包括α、β和γ射线的动能，最终都转为了热能。

早在居里夫妇努力探索放射性的物理本质时，世界各地许多测量很快就发现：放射性元素在地球上其实是很普遍地存在于普通的岩石里面。虽然含量极低（含量特别高的，就成为值得开采的矿藏），但在整个地球的总含量加起来，放射过程中持续产生的热量倒不可小觑。估算之下，其总量恐怕不低于当初地球生成期间所凝聚的总重力势能！而后者就是开尔文用以推算地球年龄之本。那么，今日地球内部之所以仍然那么热，并不表示地球年轻，而是放射性物质放热所大力"加持"的结果。（所以，今天实际测量到的所谓地热，有相当大的部分其实是天然"核能"！）反过来说，地球的年龄则完全可以远远超出开尔文相信的数千万年。

一旦在消极含义上跳脱了开尔文迷思，地质学家、博物学家心目中索求的"天长地久"就开始得以受到正视了。然而更精彩的在于那积极的含义——对放射性元素的仔细分析，竟然直接给出了地球、太阳系的年龄！

原来放射性衰变的速率，取决于母元素原子核的本性，虽然单个放射性原子核何时会衰变，完全随它高兴，但任何一个再小不过的样品、再低的含量，所拥有的放射性元素的原子数目都会是亿亿万万，整体统计的效果是：每一款衰变都有它特定的、亘古不变的半衰期。越不稳定的原子核衰变得越快，放射性就越强，半衰期也就越短。

　　想象你有若干个已知半衰期（由实验室测得）的某放射性的母元素原子。那么一个半衰期后，它们中一半衰变成为子元素；两个半衰期后，母元素只剩下1/4，而子元素累增到了3/4；以此类推。指数递减的关系，是由于单位时间内发生的衰变数正比于母元素数量之故。好比一个特制的计时沙漏，上杯往下杯漏沙的速率正比于上杯当时的总沙量。于是你只需测出子/母数的比值（下杯和上杯的沙量比），就可以推算出现在离"起跑点"已经历了多久。

　　现在想象你的放射性元素以微量存在于一小块岩石样品里。上述的道理依然适用：岩石生成（例如从岩浆冷却凝固）的年代是"起跑点"，选用的母–子元素衰变系列的半衰期要适宜（相对于所要测量的时间尺度不宜太长或太短），测量微量的子/母数要用精密的质谱仪，必须把握的假设包括没有假冒或逃逸掉（例如子元素是气体的话）的原子等。尽管说时容易做时难，但我们终于有了一套美妙的计时器，得以一锤定音地为岩石定年了。

　　参悟此道而且付诸实行的第一人仍是卢瑟福。1905年，他利用镭（母元素）–氦（子元素）法测定一岩石样品的年龄高达4.97亿年。很快地，斯特拉特（R.J. Strutt，即瑞利爵士）、博特伍德（B. Boltwood）和后继的霍姆斯（A. Holmes）等人，以更精良可靠的方法，测定的岩石样品最老的竟然达24亿岁！

　　很讽刺的，当初对地球的年轻深表怀疑的地质学、博物学界，这会儿反倒又迟疑了：地球真有可能那么老了吗？既有的概念难以颠覆，然而确切的数据、实证源源出炉，更不容忽视。在实验室里陆续发展出来，为岩石定年的放射性母→子元素衰变系列，包括：铀–238→铅–206（见图14.3），铀–235→铅–207（7.13亿年），钾–40→氩–40（13亿年），

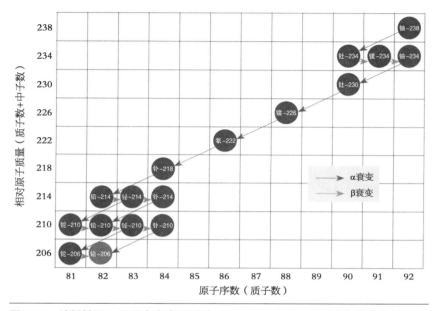

图14.3　放射性母→子元素衰变系列铀-238→铅-206是岩石定年最常用的
它其实包含了十多道衰变程序,其半衰期(45亿年)由第一道程序(铀→钍)决定,相较之下,其他程序都相当于"瞬间"完成。

铷-87→锶-87(488亿年),钐-147→钕-145(106亿年),铼-187→锇-187(456亿年)等。一般而言,半衰期越长,适用于越古老的岩石。

今天,在地球表面定出的最古老岩石超过40亿岁,远远超过含有生物化石的最老沉积岩层的年龄!(达尔文地下有知,足可放心长叹矣。)这当然还仅代表了地球年龄的下限,因为地球最早的记忆已被无休止的地质循环、翻新作用抹杀殆尽。于是,地球的确切年龄,得靠天外陨石来告诉我们啦——它们从太阳系"婴儿期"就已生成,其放射性衰变系列保留了太阳系的最远古的记忆。

1956年帕特森(C. Patterson)根据一批铁陨石的定年结果,宣称地球的年龄是(45.5±0.7)亿岁。这数字的准确性"越战越勇",至今颠扑不破,已登记为地球"身份证"上的官方注册年龄,其误差范围仅7 000万年。

有趣的是，这属于误差范围的7 000万年比过去各方推算的地球年龄本身还要长。

小贴士

世界各处的浅海，接收着陆源泥沙物质的沉积。随着各地沉积环境不断变迁，不同的沉积物一层层堆积，在重压下逐渐形成一层层水平的沉积岩层，越下层代表的年代越老。永不停歇的板块运动使大面积的沉积岩层成为陆地，这过程中岩层可能倾斜或产生褶皱，同时又开始遭受侵蚀，如此轮番地经历沧海桑田、桑田沧海。

所以，我们看见的沉积岩层总是断断续续的，然而它们都代表了远古的某些时段。当时的水生动植物死后未烂的遗骸被掩埋于海底泥沙中，日久天长成为化石，夹在一层层沉积岩的"书页"里。水生物种不断演化，并在地质史上历经了大大小小的物种灭绝事件，"书页"也就成了生物兴衰的记录了。搜集分布全球各地的化石沉积岩层片段记录，仔细拼凑、衔接、串连起来，一部完整的、有着奇异的地名代号的地质古生物史的目录即建成，沉积岩层的相对年龄得以判明。

顺带一提另一套别有用途的放射性定年法：1949年利比（W. Libby）发展出碳-14年代测定法。在地球上，碳-14是由宇宙中全年无休持续射进入地球的宇宙射线撞击大气中的氮-14的产物。碳-14衰变回氮-14的半衰期是5 730年，生灭平衡之下，其含量相对于普通的碳-12只有约10^{-12}。碳-14法适用的定年对象，是年龄短短不超过数万年的（含碳）有机物，成为考古人类学里应用广泛、不可或缺的利器。

15. 天旋地转寻根由

地球在自转？谁说的？即使看起来理所当然，也得有个科学实证呀。

每个人都有的经验：闭上眼睛，在稳速行驶的车上，车身震动或晃动不算，只要车子不加减速、不转弯，我们是不会感觉到自己在移动的。连古老的《尚书纬》都有这样的论述："地恒动不止，而人不知；譬如人在舟中，闭牖而坐，舟行不觉也。"这不是因为我们的感官不够敏锐，而是一个物理基本原理：所谓"等速的移动"只在相对下才有意义，它不是绝对存在的物理量。

换个场景：飞速旋转的云霄飞车上。这时即使是等速率旋转，你一样会头晕目眩。闭紧了眼睛，你仍然完全能感觉到在旋转。这又牵涉另一个物理原理：转动不单有"相对"的意义，同时更是一个"绝对"存在的物理量。

为什么移动和转动在本质上会如此不同？谁也说不上来，只能说我们这个宇宙天生就是这样。古典力学只说转动有加速度，而你的内耳的平衡装置对加速度有反应，因此能感觉到转动。马赫原理（Mach Principle）试图从物理哲学的角度来看：整个宇宙里存在的所有遥远的星球形成的坐标结构，定义出一物体本身的惯性质量，相对于该坐标才有所谓的绝对转动（否则孤零零一个物体的旋转是啥意义？）。据说这种哲学观对爱因斯坦发展广义相对论有过启迪作用，在此表过不题。

再换个场景：我们在缓缓等速自转的地球上，没感觉到自己在转吗？这回确实是你我的感官不够敏锐啦。（其实放心，动物的演化早就让你我不至于敏感到随时都在头昏目眩的"晕车"惨况的！）

那我们怎么知道地球在转？确实，古时的人即使抬头看见日出日落、月升月没、夜夜斗转星移，但囿于对宏观宇宙的无知，对这些天体的运行和循环是有看没有懂，无从设想到其实是自己的世界（一个三维的球面）在转。中国上古人士编出这样一个想象力丰富的神话故事：上古时代共工氏与颛顼争为帝，怒而触不周之山，"天柱折"，从此天倾西北，日月星辰都一味地往西落去；同时"地维绝"，地陷东南，江河也就一味地往东流[①]。至于日月星辰怎么日复一日又在重复循环呢？就别多问了吧。后世虽民智渐开，但依旧认定天圆地方、天旋地不转。《晋书·天文志》里也就说得既牵强又无奈："《周髀》家云：天圆如张盖，地方如棋局；天旁转如推磨而左行，日月右行，随天左转；故日月实东行，而天牵之以西没。"

时光快转，到了近代，16世纪哥白尼的"日心说"被接受以来，人类逐渐认识到地球只是孤悬于宇宙间的沧海一粒。于是在地球绕日公转的基础上，一旦外加每天一圈的自转，竟然不费一兵一卒，所有昼夜交替循环和天体运行，不论大局还是细节，都得到了圆满的解释。人们终于对千古的疑惑恍然大悟，这不啻是哥白尼学说的意外惊喜副产品。

故事就此画上休止符吗？才不！故事这才开始。

从逻辑上说，上述论证再圆满，毕竟还是间接的，牵涉的只是地球和日月星辰之间"相对"的旋转，在逻辑上仍不能排除"天旋地不转"的可能性，所以也并没有真的证明地球在"绝对"自转。至于地球绕日往复的绝对公转，在1725年已得到了证实——这是布拉得雷

---

① 见《淮南子·天文训》。

（J. Bradley，当时英国皇家"钦天监"）由一年当中星光的"天文光行差"现象得出的结论（也同时证明了光速并不是无穷大），被视为人类对天文认知的一大步。

那么，关上窗子，不看外面的星辰，如何得以直接地证实地球的绝对自转呢？这得凭借比我们内耳的平衡装置更灵敏的方法或仪器才行。17世纪科学家胡克（R. Hooke）就曾接受牛顿这样的建议：由于地球在转，在高塔顶端的切线（水平方向）速度是稍稍大于塔底切线速度的，所以从塔顶释放自由落体的物体，其落点处会稍稍超前，也就是略偏东。奈何这偏斜量小之又小，以当时的测量技巧可说无从验证：胡克用的8米多的塔台，其偏斜量估计不到半毫米。到18、19世纪，陆续有做更精密实验的努力，利用更高的塔台或矿井，算是勉强地测量出了相应的小小偏斜量。可是这款实验的结果即便不是模棱两可，也实属平淡无奇。人们期待着更具戏剧性的、更经典的实验展示。

终于，大戏上演了。

时间：1851年3月中旬起，整部剧长达一个月不间断；地点：巴黎圣洁的先贤祠殿堂中庭；（唯一）主角：傅科摆——从殿堂67米高的中庭顶悬垂而下，沉重的铜壳铅质大摆球（见图15.1）；编剧兼导演：地球自转；制作人兼场务：法国物理学家傅科（L. Foucault，见图15.2）先生；观众：王公士绅、科学家、民众等，一律免费自由进场。傅科本人则现身现场为观众们谦冲而有耐心地讲解。

剧情可说是既简单又平缓，可以这样描述：想象你站在北极点，你面前是一个来回摆荡着的摆锤。由于摆锤的运动是在某一个铅直面上，其既有的动量当然会让摆锤一直维持在该平面内。从一个"局外人"看来没啥新鲜事可言，可是跟着地球一天逆时针自转一圈的你，看到的反而是摆锤的运动面在一天内顺时针缓缓地偏转了一整圈（其轨迹好似一笔画五角星，不过画得不是五角，而是千百角）。这摆锤的偏转现象在其他任何纬度（虽然比较难琢磨）都照样会发生，周期则长过

图15.1   1851年巴黎先贤祠殿堂中庭的傅科摆在众目睽睽之下展示了地球的绝对自转

一天,纬度越低周期越长(例如在巴黎是大约32小时,在赤道周期成为无穷大——也就是不偏转了);南半球亦同(只不过偏转方向为逆时针,和北半球相反)。

端详之下,傅科摆其实不就是个"阳春白雪"版的普通摆吗? 没错,但是普通摆要升级成傅科摆,得具备特异功能,其秘籍在于不得有外力干扰,而且需要有经天累月不停休的能耐,空气摩擦也因此得尽量相对微小。这就是为什么悬索要求细长、摆球要沉重,而且支架的方式不得有丝毫的摩擦力——这些都是说来容易做时难。

图15.2   法国物理学家傅科画像

在那场马拉松式的大戏里，傅科摆在众目睽睽之下，不断以顺时针方向缓缓偏移，清楚又直接地展示了地球的绝对自转。观众中，来看热闹的铁定打瞌睡，懂门道的则会惊服于整部剧的精彩美妙，更会为正在目睹千古留名、划时代的伟大历史事件而深感兴奋。

傅科摆大戏在全球立刻疯传——个把月内，在欧洲以至美国好几十个大都会、城镇，该戏码被照样复制演出，历久不衰。傅科摆日后在全世界千百座博物馆里成为永不下片的镇馆剧码，不知沉醉、风靡了多少代人。

傅科摆的物理原理，却惹出一桩历史小插曲。物体的转动力学其实早先已由欧拉、拉普拉斯（P. Laplace）、泊松（S. Poisson）等大师立下了完整的基础。然而面对傅科摆，一时间学界竟没有人能够把它的力学本质说得清楚透彻，反而七嘴八舌、又是几何又是解析的，没有定案。傅科本人此刻倒全然不参与置喙。几经折腾，完整的描述才逐渐归结到当时其实已知、而现代在古典力学里称为科里奥利力（Coriolis force）的现象。科里奥利力是在旋转坐标里自然出现的两种假力之一，运动中的物体都受到它的作用。除了傅科摆和前述自由落体的偏斜这些小把戏外，科里奥利力更左右了地球及行星的大气环流和洋流（见第30篇），是一等一的重要。

就在1851那年，法兰西科学院要补选一名院士，傅科以先前量测光速的成就和这次傅科摆的光环被提名在列，结果以第二高票输给一位时年73岁的资深前辈。那年傅科31岁。

次年，傅科又显身手，再次侦测出地球的绝对自转——这回是凭借了一款精心制作、超级精致的机械式陀螺仪（见第17篇）。可惜陀螺仪不可避免地多少仍有些许摩擦力，以致每次只转不到10分钟就停了，无法像傅科摆那般、持续做长时期的展示或测量。

傅科因免疫系统病变去世，年仅49岁。今天他的姓名被铸于巴黎埃菲尔铁塔的"72名人"之列，太阳系还有一颗小游星以他为名。

物体在空间里的旋转,可说是"不想不知道,越想越玄妙"!

　　旋转,描述起来不就是个矢量吗?严格说来,才不是呢。以数学的术语来说:在n维空间里,旋转其实是以一个n阶方矩阵来表述的;n阶方矩阵原本有n^2个自由度,然而旋转矩阵受到正交归一性质的约束,自由度减为$N=n(n-1)/2$个。这显然已经完全不同于矢量了,因为n维空间的矢量就恰有n个自由度。

　　在零或一维空间(点、线)里,旋转是无意义、不存在的;没错,此时$N=0$。在二维空间(面)里,$N=1$;确实,旋转只有一个自由度,就是在该面上旋转某个角度。

　　在我们的三维空间里,$N=3$:它的旋转自由度正巧等于空间的维度。这就是为什么在三维空间里我们可以用矢量来处理旋转。但矩阵和矢量毕竟有着不同的运算规则,所以物理学家还得另行发明出叉积、右手定则等只在三维空间里才有意义的把戏来辅助运用。至于那三个自由度是什么?就任由你发挥创意、各自表述了。譬如分解为矢量的三个分量,或是教科书讲的三个欧拉角,或推展至更加精美的古典力学表述法——凯立-克莱因参数、哈密顿(W. Hamilton)的四元数,以至更高深的量子力学泡利矩阵等。

　　四维空间有$N=6$个旋转自由度。闵可夫斯基(M. Minkowski)的四维空间,其旋转代表洛伦兹变换,在处理相对论问题时得心应手。相对论量子力学导出的狄拉克矩阵,描述了基本粒子的自旋现象,非常玄妙!超过四维空间的旋转,不仅其自由度增加得愈发得快,其意义就更是超乎我们凡人想象啦。

16. 问苍茫大海何去何从：经纬之辨

　　　　天苍苍、海茫茫，罗盘、陀螺仪为你指引了方向，但无法告诉你
此刻在地球上的位置。何去何从，关键落在经纬。

　　小学时，有一次看漫画书，里面有这一场景：神勇小英雄电报调查
局总部："东经30°、北纬50°，发现侵略世界阴谋团……" 好奇之下，找
来爸爸的世界地图，花了番工夫琢磨出经纬度是啥，虽然没看出阴谋团
的踪迹，倒是点缀了我一生的"时空奇航"。

　　在地球二维表面上标定任何一点的位置需要两个数字。我们都知
道，现代国际使用的是经度、纬度。想象把地球摆正了，自转轴上下贯
穿，顶是北极、底是南极。从轴的正中间横截的大圆就是赤道，定为纬
度零度。平行于赤道，往北定出正90°到北极，往南则负90°到南极，上
下绕一整圈确实360°无误。

　　垂直于纬度，很自然地可以把地球分为360份，像橘子瓣一样，叫
作经度。不过经度0°该定在哪里呢？哪都行。在历史上只取决于"谁
说了算"——葡萄牙、西班牙、意大利、丹麦、法国、英国，甚至俄国、美
国，都曾自顾自地说了。最后，在1884年获得大家同意 "她" 说了算而
成为国际规范的，是当时的海霸英国。

　　所以，零经度本初子午线通过了伦敦的皇家格林尼治天文台（皇
家天文台已于1957年搬离了该址）。往东是东经，往西是西经，两者绕
180°在地球对面相遇的缝合经线是国际换日线，恰巧把太平洋做了对

分（顺带一提：纬度1°约相当于111千米，因为纬度360°相当于地球周长40 000千米；经度1°在赤道处亦同，但随纬度的变高而变窄）。

想知道你所在处的经纬度吗？

测量纬度并不需费周章：你每天见到的太阳在天上走的轨迹，取决于你的纬度和当天是几月几号。让我们选个好日子：春分或秋分。在正午那一瞬间，太阳垂直照射在你正南方的赤道上，所以你画个简单的几何图就会很清楚：从上窗沿投下的阳光线和墙面的夹角（量一下影子就行了）就是你所在的纬度（小提醒：所谓正午是当天太阳走到天上最高点的那一瞬间，并不会刚好是你手表上的12点钟，因为人为定的时区是"四舍五入"分格跳跃式的）。

选用夏至（或冬至）也行；因为那天正午太阳是垂直照射在北（或南）回归线上，所以上述影子夹角加上（或减去）23.5°也就得到了你所在的纬度。其实选一年里哪一天都行，差别只是修正角度需视日历而定（一个小公式而已）。以上涉及的角度只与地球绕日的公转有关，所以理论上你需要的先验条件只是知道"今夕是何夕"就行了（当然，老天若要阴雨，那除了枯等也就没招了）。

若嫌上述简易版定出的纬度过于粗略，而愿意挑战难度，那么可以这么做：改用遥远的点源——夜空里的个别星星为参考物（比太阳易于精确瞄准），再制作些有用的光学仪器（比肉眼强多了），对照精密的天球星历（前人的恩赐），你肯定可以琢磨出不止一种方便又准确的方法。例如北极星（或南十字座）相对你的仰角（稍加修正一下），就是你的北（或南）纬度了。15世纪初，明朝郑和七下西洋，就是用了所谓"过洋牵星"的方法，定出海行中的纬度。

那经度呢？问题大大的不同了；经度牵涉的天文角度直接关系到的不是地球的公转，而是地球的自转；需要的先验条件不是知道今天是几月几号，而是此刻是几点几分几秒。讲得更直白些，测量经度就是测量时刻，你要知道的是：以太阳光照的角度而言，你的位置距离格林尼治相差几点几分几秒,然后将后者按照1小时相当于经度15°(因为24小时相当于经度360°),换算得出你的经度。

举个例子:你在世界的某处,手腕上戴着记录格林尼治标准时的手表。在你的正午(太阳最高时)瞬间,比方说你看到手表指着格林尼治下午2时,那么可以推断你所在的经度应该是西经30°(记得地球是"自西向东"自转的,见图16.1),以此类推。怎么确定手表确实记录的是格林尼治的时间呢?很简单,你只要在伦敦当地对好表(或者打个电话给伦敦的朋友对个时)就得了。只要手表够准(而且千万不能停),行遍天下它都忠实地告诉你格林尼治标准时。

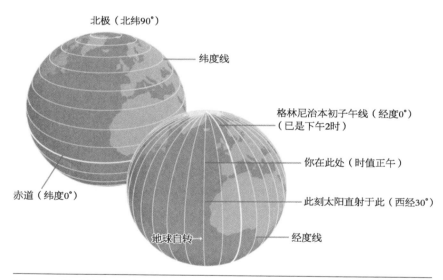

图16.1 地球的经度、纬度和指定经度的示意

那么测量经度也不困难嘛!然而,这里出现一个关键性的细节——得有个好表!这细节引发了一桩奇趣的历史公案。

话说15世纪,航海的葡萄牙、西班牙点燃了世界地理大发现(背后其实是全球大征服、大掠夺),其中有一桩有关经度的小故事:1493年哥伦布(C. Colombo)航达美洲,同年葡萄牙和西班牙两国居然签订协议，把西经的"新世界"按照某经度就瓜分了——这就是为什么今天巴西讲葡萄牙语，南美其他国家讲西班牙语的原因。接踵而来是几世纪此起彼落的欧洲海权争霸、殖民帝国。由于大航海的需求，制作地图、海图，以及即时确认方位的方法日趋重要，测定经纬度的要求也日益增高：纬度好办，经度难缠——因为没有好表。

其实，即使没有精准的钟表，早期的天文学家也曾经研制出通过快转天文事件发生的时程、目视角度，来确定经度的方法。有伽利略发明的通过观测木星的卫星隐现的定时法，和后来发展出的月距法——观测月亮和星星（夜间的亮星或白天的太阳皆可）之间的目视夹角，这两种方法都算可靠。然而天文法定经度需要搭配天书般的星历，进行繁复的计算，在陆地问题不大，但在海船上则绝非一般船员所能胜任。更根本的罩门，是那些精密的天文观测在摇晃的船上难以施展。

蹒跚了两世纪，不知多少大小海难后，痛定思痛的英国政府，于1714年颁布"求茂才异等榜"，悬赏天下，求大海中确定经度的良方，越精确奖金越高，高达两万英镑（今值约百倍）。

既然天文法问题重重，那最直接的解决方案变成：如何制作出在摇晃的海上仍能保持长期精准自如的计时器。当时最精准的计时器是钟摆，可是钟摆一旦携上摇晃的船，马上严重"晕船"，完全失灵。那么，利用弹簧制作的机械计时器如何？

投注了整个人生，孜孜不怠，最终成功制出完美的弹簧机械海钟的，是一位英国的木匠兼钟表匠哈里森（J. Harrison，见图16.2）。他花了多年，一步一脚印，陆续制造了三款笨重的海钟（后世称为H1、H2、H3），测试和改良阶段得到过英国国会的资助。终于，在其他钟表大师的启发和帮助下，他于1761年完成了H4——仅巴掌大的海钟（见图16.2）。英国政府的经度奖委员会正式安排了两度横越大西洋的测试，简易小巧的H4达到了全程仅39秒、相当于18千米的误差，超越了其竞争者——那大费周章的天文月距法。

图16.2　哈里森和他制作的划时代的海钟H4

　　然而当时的气氛中，学院派钟情于天文法，而对制作计时器一向不屑，认为那只算是工艺技术，哪上得了高尚科学的台面？（离不开电脑的现代科学家可不会这么想吧！）连较早第一个制作弹簧钟的惠更斯（C. Huygens）本人、后来的牛顿，都对钟表确定经度法的可行性表示过怀疑。此时经度奖委员会也似乎过度谨慎甚至疑虑，以致一再刁难。哈里森只有据理力争，甚至告御状到国王跟前，才获得了部分的奖金作为工本费。

　　这段历史公案的结局，是经度奖的正式得奖人从缺。而哈里森本人得到的政府资助，前前后后加起来却超过了那两万英镑的奖金！

　　哈里森的划时代新发明则开始驰骋在无际的大洋中，写下它在人类历史中阶段性的一页。他的四款计时器原件如今陈列在格林尼治博物馆里，为游客诉说着那段"天宝遗事"。时至太空时代的今日，要测定经纬度有了既容易又精确的方法——找个全球定位系统（Global Positioning System, GPS）卫星接收手机，按几个按钮就成啦。GPS还可以同时给出海拔高度和准确的时间,完整的时空四维分量,无论何时、何地,而且全天候。这背后反映着的,是人类科技的长足进步。

　　坐在古式手工织布机前,纵向的丝线叫作"经",横向的叫作"纬",织布就是让经纬上下交错。当初将"longitude""latitude"翻译为中文的"经度""纬度"的学者,其学术修养确实不凡。古书讲述上下一贯之道,确是正"经"八百。为经书做横引旁证的著作叫作纬书,往往是好事学者的作品,甚至是托名的伪作。慎辨经纬,去从之道在焉!

17. 问苍茫大地何去何从：方向为凭

　　天苍苍、野茫茫，经纬之辨只告诉了我们身在地球的何处，可是下一步何去何从？天灵灵、地灵灵，拜托告诉我方向吧！

　　就像人生该有个目标，每个人的行止都缺不了方向的资讯。日常生活中我们并不会刻意在意方向，是因为总有熟悉的实景可作为参考。一旦熟悉度不再，只有等着迷途啦。

　　与人类活动息息相关的长程交通工具，更是必须能够确定方向。古今中外，陆地上的车行、驼队，大海里的舟船，天空中的飞机、飞弹，以至太空中的人造卫星、宇宙飞船，不论是迁徙、旅行、商业运输、军事行动，还是探索、开拓，能否确定方向往往是成败之关键，甚至攸关生死。在没有日月星斗可参考的时节，要怎样才能知道方向？

　　历史上有过指南车。相传黄帝借助于它（见晋代崔豹《古今注》），在涿鹿击败了祭起大雾的蚩尤而成帝业。周公也曾制作指南车送给越南来使，祝他们回国一路顺遂。后来历代陆续有能人巧匠做出款式不一的指南车，而晚至宋史里真确的记载，才让指南车（亦称司南车）现了原形——原来车里有着一套设计精妙的齿轮组！陆行车左右两轮的转动会传到齿轮组，两轮间的差速联动到一个木制小仙童，而齿轮组的作用让仙童手指的方向保持恒定（见图17.1）。

　　指南车只能在工坊（或实验室）环境里才能如愿运作，或是当作新鲜玩意儿在晚宴上展示，宾主尽欢。宋史也只提到在"宗祀大礼始用之"。在实战状况恐怕靠不了它，因为轮子相对地面总有打滑，于是误差不断累积，很快就"破功"啦。涿鹿之战（其实只是部落间打群架）的胜负，恐怕无关乎指南车。

真正派得上用场的主角，是指南针。

中国古人很早就知道自由悬浮的磁针会自动指向南北（至于是怎么发现这现象的呢？真是不可思议！当时的人当然并不懂得地球磁场会使磁针对齐磁力线的道理）。成书于1044年的北宋兵书《武经总要》记载："若遇天景曀霾，夜色瞑黑，又不能辨方向，则当纵老马前

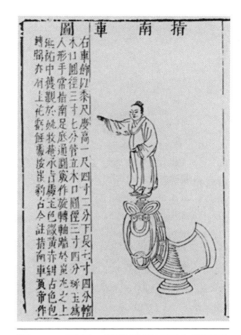

图17.1　明朝王圻及其子王思义撰写的《三才图会》中绘有一幅指南车图

这幅图是根据先前所见到的一款实物描画的，旁注指出："琢玉为人形，手常指南，足底通圆窍，作旋转轴。"

行，令识道路①，或出指南车或指南鱼②以辨所向。指南车法世不传。鱼法以薄铁叶剪裁，长二寸、阔五分，首尾锐如鱼形，置炭火中烧之，候通赤，以铁钤钤鱼首出火，以尾正对子位③，蘸水盆中，没尾数分则止④，以密器收之。用时，置水碗于无风处，平放鱼在水而令浮，其首常南向午⑤也。"同一时代，沈括所著的《梦溪笔谈》，更清楚地描述了磁针指

---

① 老马识途。

② 鱼形的指南针。

③ 北方向。

④ 用烧得红热再冷却后的铁鱼将地磁场"锁入"而带磁性。

⑤ 南方向。

图17.2　轻巧、简单却有大用处的水浮式指南针

指南针始自11世纪的中国，被欧洲人引以为中国历代四大发明之一。

南一事，甚至注意到磁偏角（见第8篇）。

此后，12世纪以来，指南针（多属水浮式，见图17.2）开始大行其道，例如北宋朱彧《萍洲可谈》记："舟师识地理，夜则观星，昼则观日，阴晦观指南针。"最重要的例子当数明朝郑和（1371—1433）下西洋——随行的幕僚巩珍在《西洋番国志》中

叙述："往还三年，经济大海，绵邈弥茫，水天连接，四望迥然，绝无纤翳之隐蔽。惟日月升坠，以辨西东，星头高低，度量远近。斫木为盘，书刻干支之字，浮针于水，指向行舟。"明朝《武备志》中的《郑和航海图》收录了多达109道"航海针路"，就是以指南针的指向为参考的航向路线图。

指南针被欧洲人引以为中国贡献世界文明的四大发明之一，将它进一步再配以外盘、标出方向刻度，就成为罗盘。欧洲最早的相关记载出现在1187年（已比中国晚了百多年），不意外的属航海用的水浮式罗盘。而在历史上总是扮演了传播东西方文化桥梁角色的阿拉伯人，对指南针反倒是后知后觉，直到1232年才首次载诸阿拉伯文字，描述了一款中国式的水浮式鱼形磁铁片。

指南针其实指向的是地磁场的南北极，与地球自转的真正南北极算是相当接近，但不全然相同（见第3篇），所以总得想办法修正。这在纬度不太高的地球大部分地区问题不大，但到了高纬度，越接近磁南北极就越趋糟糕。反过来说，大航海时代的航海日记里磁罗盘读数的记录（早自哥伦布横越大西洋），倒包含了几百年来地磁场逐渐漂移的信息，是相当珍贵的科学数据。

时至今日，磁罗盘依旧是实务上确定方向的好帮手。然而在科技日益进步、精准度要求日益提高的现代，确定方向的重大责任归到了陀

螺仪的身上。

　　陀螺仪与磁场无关。传统机械式的陀螺仪,其主件只是一个快速旋转着的飞轮,使用原理很简单:以宇宙飞船为例,将转轮架在一个没有摩擦力的万向平衡支架组上,后者固定在宇宙飞船上。由于已被万向平衡架隔离掉所有外力矩,在角动量守恒之下,转轮的旋转面相对于宇宙坐标维持不变——也因此维持着出发时校准好的方向(见图17.3)。于是无论宇宙飞船随后怎么东转西绕,都可以根据陀螺仪的读数得知宇宙飞船(在宇宙坐标里)当下的指向。

　　19世纪初,陀螺仪就已出现在德国,但要到几乎1世纪以后,多亏了电动马达的加持,克服了无法避免的机械摩擦力,而让轮转得以"永

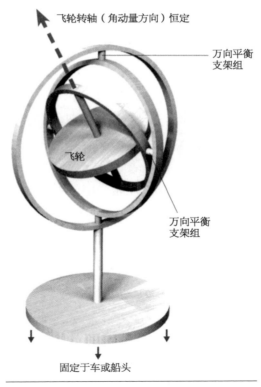

飞轮转轴(角动量方向)恒定

万向平衡
支架组

飞轮

万向平衡
支架组

固定于车或船头

图17.3　近代的机械式陀螺仪及其原理示意

不止息",陀螺仪这才成为长距离的交通工具(尤其是军事用途)必备的定向装置。

不关乎动力,尤其是属于信息或智能型的机械装置,在新科技的趋势下,终究躲不了被非机械的方式所取代的命运,陀螺仪也不例外。1887年,迈克耳孙(A. Michelson)及莫雷(E. Morley)二人以光学干涉仪所做的有名的迈克耳孙–莫雷实验,启发了爱因斯坦扬弃"以太论",而导出狭义相对论,把古典力学牵引进现代物理学的范畴。1926年,迈克耳孙再展长才,和盖尔(H. Gale)两人根据萨格纳克效应(Sagnac effect),制作了一个周长1.9千米的大型光学环状干涉仪,成功探测到了地球的绝对自转(见第15篇)。

近年来凭借激光和光纤技术,光学回路干涉方法一路演进,如今大型的实验室版,最精确的竟然已可以探测到地球自转里的那些微小的改变(见第28篇)!而轻巧版则成为商用激光陀螺仪,大有取代机械陀螺仪之势。同时,有些更小巧的专利陀螺仪或加速仪,善用某些电磁力和科里奥利力的交互作用,在日常的游戏机和手机里已成为不可或缺的小组件。另一方面,量子物理范畴里的现象,包括超导、超流体对旋转的精细感应,则在实验室里被探索、试验。更棒的定向装置指日可待。

回头看我们一般行车走船的定向:今天的GPS随时随地都可以告诉你极精确的时空坐标。虽然这并不直接指引你以正确的方向,但当你在行动(譬如开着车)时,连续进行GPS定位也就间接透露了你当时实际行进的方向(及速度),于是你是否要调整方向,就有所凭借了。新时代的太空技术,其能耐令人叹为观止!

2050年,一艘超级战舰驰骋在太平洋上。它的驾驶室墙边装着一个密封的玻璃橱,以文字标示着:"如遇电力、机械或卫星系统故障或人为损坏,而无法确定方向的紧急情况时,请敲破此橱窗。"橱窗里静躺着一个磁罗盘。

18. 北回归线,归去来兮

一帧北回归线地标的老照片、一幅哥伦布遇见美洲原住民的老油画,两则看似风马牛不相及的人文历史事件背后,却是一连串蜿蜒曲折的地球科学故事。

世界最早的北回归线地标,位于台湾省嘉义县水上乡,于1908年建成。图18.1左边这帧老照片是建于1923年的第三代地标。前两代已不堪风雨被夷为平地。此地标于1935年被地震损坏后改建为第四代,目前仍耸立在一号省道原址旁的是第五代,以及旁边的第六代天文展览馆。

图18.1 台湾省嘉义北回归线地标的老照片和哥伦布遇见美洲原住民的老油画
它们中间有着什么样的关联?

地标清楚地写着该址的经纬度："北纬二十三度二十七分四秒五一，东经百二十度二十四分四十六秒五"，毫不含糊。一个世纪过去了，这些数字仍正确吗？

其实任何一个地点在地球上的经纬度，在百年这么短的时间里基本上是不变的。板块漂移一年了不起几厘米而已，一百年累计顶多0.1弧秒。

经度是人为标定的，牵涉的是钟时（见第16篇），此处表过不题。纬度呢？纬度是由地球的自转决定的，自转轴相对于地表会缓缓漂移，叫作地极移，简称极移（见第28篇），地表任何地点的经纬度也因此有相应的变动。但是极移一年也不过10厘米，一百年也才0.3弧秒。

这些微小的变动，对于上述该地标址的经纬度的标定可说是无伤大雅，所以后者基本上没问题。真要问的问题，其实是："一百年过去了，北回归线还一直在该处通过吗？"真抱歉，北回归线可没那么听话，它脚底不停地已经跑掉老远了！

也就是说，北回归线的纬度竟然是会变的！这可不是新闻，而是早自1920年代就已经被米兰科维奇（M. Milankovitch）先生揭示！米氏是当时东欧的一位数学家，他通过计算（可没有电脑帮忙！）发现：地球和太阳之间的关系并不是稳定不变的，而是有着三种长期、缓慢的变化，地球上的气候也随之缓慢地变化。我们今天称它们为米兰科维奇循环。

其实人们早就懂得：地球以椭圆轨道绕太阳公转，大不了加上月球在周边的重力扰动，没啥新鲜事。至于自转，则有古人经过长期的天象观察发现的所谓岁差现象，其原因也早已由牛顿解释了：原来地球的自转赤道面和公转的黄道面并不重合，有约23.5°的倾斜。这个倾角一方面给予我们四季，一方面和地球微椭圆形的胖身材联手，在月亮和太阳的潮汐力作用下，让地球的自转轴在太空中缓缓地进行天文进动。

但实际情况并不如此单纯，因为还有好几个大小不一、时远时近的行星，舞动着它们随身的万有引力，一直在旁边对日-地-月系统来回扰动着。结果造就了上述的三种米兰科维奇循环（见图18.2）。其一：地球绕太阳公转的椭圆轨道的椭率有些微的渐大渐小，周期约十万年；其二：就是上文讲到的，地球倾角（亦即黄赤交角）以约41 000年的周期渐大渐小地摆动，其幅度约 ±1°（一般读物中误以为倾角的改变是极移和岁差造成的，错！）；其三：地球在椭圆轨道上的近（远）日点和季节之间的关系，配以岁差现象，有着约两万年的周期。

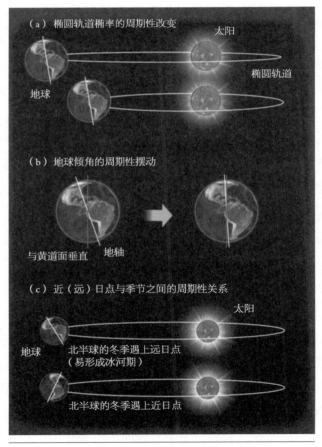

图18.2　行星影响地球造成的三种米兰科维奇循环

地球今天的约23.5°倾角(当然也就是北回归线的纬度)正处于往南摆动的中间点,所以约1/4周期(也就是约一万年)后,以台湾地区为例,北回归线会一直跑到22.5°(屏东)左右,然后花约两万年北返,其间通过嘉义,最北到达24.5°(苗栗)左右,再摆动返南,周而复始。这一百年来北回归线以每年15米的"脚程",已跑到距离百年前设的地标的南边约1.5千米之遥了!地标公园既然没法子跟着跑,那就只好干等它两万年后的再次"过门不入"吧!

回头来看看米兰科维奇循环:这些变化虽然微小,却很缓慢而笃定地来回改变着地球的气候。事实上,根据现在许多海底沉积岩芯、冰芯、黄土层等所显示的古气候、古地质证据,发现原来米兰科维奇循环正是地球冰河期消长的主因!(这是1970年代一项重要的科学发现,让人们恍然大悟米兰科维奇先前计算结果的重要性,使他的贡献实至名归。)

冰河期什么样?以历时数万年而在一万年前才刚结束的上一次冰河期为例,平均而言,全球气温比现在我们习惯的要低5~8℃;大量的冰雪封存在高纬度的陆地上,除了今天仍然封冻在厚达两三千米的冰层下的南极洲大陆和格陵兰岛之外,还包括北美洲和北欧洲。地球海平面因而比现在要低130米之多(见第35篇)。其后冰河期结束,陆冰融化流入海,只花了两三千年,让海面上升成现在这样。

现在我们可以谈谈为什么哥伦布于1493年到达美洲时见到了人。首先,你马上应该理解到:"哥伦布发现新大陆"这说法是多么的荒谬,因为他初达美洲的时候,首先看到了的就是其他人!那些原住民的祖先才是新大陆的发现者(哥伦布自己倒是至死坚信他到达的是"旧大陆亚洲",甚至把当地人叫作"印度人")。图18.1右图其实就是17世纪欧洲白种人的沙文主义的呈现。讽刺的是,这幅图本想呈现的是"哥伦布发现新大陆",却恰恰表明了发现新大陆的并不是哥伦布。哥伦布是到达新大陆的第一个白种人吗?连这都算不上,因为北欧的维金航海民族早在11世纪就曾短暂地殖民过格陵兰岛和加拿大。

于是问题变成了："美洲的原住民是打哪来的？"他们明显地是亚洲的黄种人，可是他们怎么去到美洲的呀？疑惑了考古人类学家多少年的谜团，现在不费工夫地得解了：他们就是走去的，因为那如今不足130米深的白令海峡，一万年前在海平面低的时候是陆陆相连着的"陆桥"！当然，他们（相信有陆续好几批）也是前途茫茫地历尽"千山万冰"才到达了新大陆，也就从此散布北美洲、中美洲和南美洲，不再回头了。

料想台湾岛也同样：台湾海峡深仅60米，每一次冰河期间（包括一万年前）都是陆地，当初中国南方各民族必然包含了台湾岛上的居民；当时台湾岛上的居民是不是就是现在台湾地区少数民族的祖先，尔后才被逐渐上升的海面羁留成为岛民？还是台湾地区少数民族以及其后的南岛移民另有来源？日本、琉球各民族的来历如何？澳大利亚原住民呢？

仔细看看图18.1，也许你可以悟出其他有趣的猜想哩。

后记：平常听说占星术，说凭着各个行星的出没时机和位置，配上天干地支、阴阳五行或是生肖之类，可以推算人的运势，我们知道那是无稽之谈，因为遥远的行星何德何能，可以影响我们地球人的运势？可是另一方面，上面讲的故事，却正是行星对我们地球的气候大环境，以至地球人的迁徙、生存、历史机缘都有着关键性的莫大影响！然而传递这影响的机制，当然不是什么虚无缥缈的"气"，或者不知所云的什么"能量场"，而是万有引力——那无所不在、高深奥秘的重力。

19. 昼夜分"明"

白昼为什么白？黑夜为什么黑？理所当然嘛，有什么问题吗？其实答案曲折迷离；一个近在眼前，一个远在天边。

【昼篇】

在一个昼欲尽、夜将临的优雅黄昏，我遐思着古圣先贤的年代。

古人对物理世界的认知，模糊得真令人同情。盘古开天辟地的故事说，混沌经盘古的大斧一砍，阳清为天，阴浊为地；于是盘古顶天立地、日长一丈；一万八千年后他的躯体化为天地间万物，日月这时也才出现。古西方基督教的《圣经》更是这样教导人们：上帝在第一天创造了光，第四天才为白昼创造了太阳。可见"先知"们显然并未将白昼、黑夜和太阳联上什么直接的因果关系。

近代物理学的发展逐渐让人明了光是什么。白昼里我们仰望那刺眼的太阳，没错，日盘是亮的。可是天空里所有其他非太阳的方向呢？面对其他任何方向，既然没有光源，就没有光线直射入眼，所以除了日盘，整个穹苍都应该是暗的。可是它明明就是亮的呀！这"天光问题"可费思量，直到19世纪末才正式被破解——殊荣归于英国大物理学家瑞利爵士。

跳到现代来找这个问题的线索：当年登陆月球的那些照片，在艳阳之下，天幕确实漆黑一片。搭越洋飞机在白昼的高空飞行时，仰望天顶，会见到天光是深暗的。又如哈勃或其他太空望远镜在卫星轨道里，不论昼夜，任何时候都可以瞄准任何（非太阳）方向的宇宙天体做观测，没有什么天光来干扰。那么地面上看到的天光，敢情是因为地面有什么特别吧！

地球这特别之处，就是"近在眼前"的大气层。

地球的大气分子（氮、氧、二氧化碳、水分子等）对可见光线基本是透明的，所以我们看到的天光并不是如同一般对象把太阳光反射入眼的。事实上，个别的空气分子大小不及光波长的千分之一，并不存在所谓的反射。另一方面，透明并不代表不起作用，空气分子对射到它身上的光线都在执行着称为瑞利散射的作用（见本篇【小贴士】）。

空气分子们就好比是一群不太高明的棒球打击手，把从太阳射向它们的诸多"光子球"中的一部分随兴散射到东南西北上下各方向。想象棒球场里各处都充满了这种打击手，那么不论什么时候、面对什么方向，你都会被四处散射的"光子球"迎面打着的。于是白昼的整个天空就亮了！瑞利散射如是创造了天光。这是现代版的"创世记"里小小的一章节，不必诉诸神力，完全是物理、逻辑的骄傲产品。

可是，白昼并不真"白"呀！白昼的天是蓝的，怎么回事？显然并不是空气里的微量杂质造成的（如同略带色彩的钻石或各色玻璃那样），因为越清净、干爽的天空会显得越湛蓝！这正是更有名的"蓝天问题"，在瑞利之前的许多科学大师，包括达·芬奇、牛顿、克劳修斯（R. Clausius）、丁铎尔（J. Tyndall）、赫歇尔（F. Herschel）等都曾为之置喙，有的认为是因为尘埃反射，有的猜是水汽对光的干涉，也有的说是水珠甚至冰粒、盐粒对光的折射。最终成功解释了"蓝天问题"的，仍旧归功于瑞利散射理论。

原来太阳的所谓白光，是混合了波长从长波到短波、色彩上红橙黄绿蓝紫一应俱全的光子。我们的空气分子这些"瑞利打击手"特别偏好短波，也就是特别卖力去打击偏蓝紫色的"光子球"，而不太理睬长波、偏橙红色的，其偏好的程度反比于波长的4次方，以至于蓝光和红光被散射的比率差不多达到5:1之多。结果你可以想象：仰望周遭晴空，被无所不在的空气分子选择性地散射到你眼睛的蓝光占了绝对多数，天自然蓝了。另一方面，从太阳直射到你眼睛的，蓝光相对变少了，所以太阳总多少白中带黄。尤其晨昏时分，直射光在空气里的路径特别长，蓝光也就一路折损得更多，以致朝日、夕阳干脆成了橙红色，连带映照在云彩上的晨曦、晚霞都被渲染得那么的绚丽（见图19.1）。

地球的邻居火星，有稀薄的二氧化碳大气层，所以相形之下也有较弱的瑞利散射现象和蓝色天光。但陆续登陆火星的宇宙飞船拍摄到的天光常呈黄褐色（见图19.2），原来是因为火星上经常有大规模的沙尘

图19.1 一幅大自然的美景潜藏着许多散射现象（见图版）
天空为何蔚蓝？太阳为何橘黄？云朵为何洁白？

图19.2　火星上拍摄到的天光（见图版）
因为常有沙尘暴，呈黄褐色（图为1999年登陆火星的太空车所摄）。

暴，此时米氏散射和沙尘颗粒的普通反射成了更重要的因素（见本篇
【小贴士】）。

　　除了天光、蓝天、赤霞，瑞利散射理论同时还导出另一些精彩的结
果，关系到不同方向的亮度、波动的偏振和极化，自不待言。这些是呈
现在我们的日常世界里的现象，但要真正理解其深层的物理原因，其实
是需要进入原子、分子的微观世界。可是，了不起的科学家如瑞利者，
能够在不知原子、分子为何物的19世纪，凭借当时的物理认知和麦克
斯韦电磁方程式，推导出完整、完美的散射定量公式，其对自然现象的
洞察力令人叹服！

　　回到古人对昼夜认知的迷惑。《楚辞·天问》："何阖而晦，何开而
明？"屈原的疑问：是什么关上了，才让我们有夜晚；又是什么打开了，
让我们有白昼？显然古人觉得有个"天门"之类的在主宰着昼夜，而太
阳只是附带跟着同时出没而已。细想之下，这观察逻辑竟有相当的道
理，因为若不是因为大气的存在，其实太阳本身确实是无法造成天光
的，也就无所谓晦明了。

　　附带一个"蓝海问题"——海水为什么也常是蓝的？如同天之蓝
不是蓝海的映射，海之蓝也不是因为蓝天的映射。蓝海牵涉了海水对
不同颜色的光的选择性吸收，而不是散射。但实际的颜色、色调又随
海水的澄浊度、深度、微生藻和矿物含量，以及视角方向、天气状况等不
同，不是单一现象。

小贴士

物质对电磁波的散射是一种普遍、重要,又极其有趣的物理现象,并且透露出物质与电磁波动之间的力场、动量、能量如何交互作用。散射作用在不同的状况下表现出来的表征形形色色,观察它们一方面让我们得以理解自然界里的诸多现象(见图19.3),另一方面散射早已成为科学家探访微观物理世界的主动式利器。

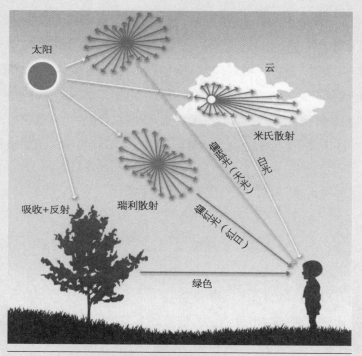

图19.3　自然界的散射现象(见图版)
天空的蔚蓝来自瑞利散射,太阳的橘黄是瑞利散射下直线通过的红光较多所致,云朵的洁白来自米氏散射,树的翠绿则是因为树叶吸收了大部分的光,只反射了看起来是绿色的光。

当执行散射的物质颗粒远小于光的波长时,这就是本文所谈的瑞利散射,其散射程度反比于波长的4次方。它照亮了白昼的天空,更赋予天空绚丽的色彩。一般玻璃纤维对光信号的瑞利散射，会高度损耗光能，使光信号在光纤里传不远。通过克服这项困难，高锟教授获得了2009年的诺贝尔物理学奖。

物质探索里常用的拉曼散射，是一特异类的非弹性瑞利散射，有极小部分的光子部分能量被原子、分子吸收（类似在某些特定的电子轨道共振频率下发生的荧光现象）。另外，若执行散射的"小家伙"是带电粒子（如在等离子体、太阳环境里的单电子），则归于弹性汤姆孙散射。

离散的物质（例如气态）还有所谓的米氏散射，发生于散射物质粒径相对光的波长差不多大时，散射程度与波长无关，对各种颜色的光一视同仁，于是白光被散射过后依旧是白光，这是为什么云、雾、烟，甚至悬浮液（属丁铎尔散射）如牛奶，这些粒径和光波长差不多的"家伙"在阳光下一律呈现白色。雷达探测雨滴、气溶胶也是基于米氏散射。

相反地，若电磁波长很短，短到量子效应开始显现的情况下，例如X射线、γ射线撞击原子，与电子发生能量交换，这种散射则进入了非弹性康普顿散射的范畴，相当于光电效应的雏形。至于若是散射在呈规则状的晶体物质中发生，则有原子晶格对X射线的布拉格散射、涉及振动声子情况下的布里渊散射等。

若被散射的不是电磁波，而是带电或不带电的粒子，那是另当别论的粒子散射了。例如极光、霓虹灯或日光灯的原理，利用的是气体电子轨道能级跃迁。有名的卢瑟福散射则进入原子核的范畴，以及今天物理学家的最爱——在各种加速器里进行的更高能量的粒子撞击实验等。

【夜篇】

白昼为什么白，算是真相大"白"了；可是黑夜为什么黑呢？让我们来暗中摸"黑"。

　　浪漫的夜里，你可曾思考过：我们的宇宙到底该是暗的还是亮的？

　　首先应确认什么叫作"亮"和"暗"。明儒王阳明幼时就想过："若人有眼大如天"；其实只要有眼大如窗，就可以"看"到我们的整个宇宙都是"亮"的。

　　这里说的宇宙所发的"亮"，可不是普通的可见光，而是波长较长、属微波范围的电磁波；那大如窗的"眼"则是灵敏的微波天线或无线电天文望远镜，"看"到的则是宇宙微波背景辐射（见第23篇）。这款辐射，简言之，就是我们的宇宙在137亿年前大爆炸的诞生后，膨胀至今日的余温，温度2.7开、波长2毫米左右的黑体辐射，充斥整个宇宙。但它毕竟算不得正牌的"亮"，而且它与我们小世界里的地球自转或所谓的昼夜当然完全无涉。让我们言归正传，回来看传统的可见光吧。

　　夜为何暗呢？这是问题吗？首先，被我们的地球自己挡掉了的太阳光，确实无用武之处，爱莫能助。其次，好比点点的萤火虫无法照亮整个公园，宇宙里那些渺小的星星们，数量多则多矣，终究是无力照亮整个宇宙的，对吧？

　　佯谬登场：想象在浩瀚的白桦林海里，极目四望，看到的是无缝隙的白树干接着白树干，满眼全景不是应该一片白色吗？那么，面对夜空里浩瀚无边的宇宙，我们的视线不论朝哪个方向，应该总都会遇到某颗星吧。如此可以推论，任何方向都应该是有光源的，所以整个穹苍都应该是灿烂的！在高山上清朗的夜空里，你可见过那美得动人心魄的银河？想象把它的点点星光加密千倍、涂满整个夜空，那将是多么的灿烂而壮丽（见图19.4）。可是我们都知道夜空是暗的呀！

　　这是天文史上小有名气的暗夜佯谬，又名奥伯斯佯谬，是德国天文学家奥伯斯（H. Olbers）于1823年所提出。名虽归了他，但其实天外有天，更早前就已有天文学大师提及该佯谬，包括开普勒、哈雷。1901年，开尔文爵士算是正式尝试理解它、解释它的第一人。

图19.4　哈勃太空望远镜下的宇宙（见图版）

左图：从哈勃太空望远镜可以看到银河系热闹的深处；右图：从哈勃太空望远镜极目远望，宇宙的深处纵然星云处处，仍远不足以让夜空堪称"亮"。

　　古典式的定量说法是：立足地球，想象以自己为中心，把宇宙像洋葱那样分成一层层。每一层里的星对我们的亮度，自然和距离的平方成反比。而同时该层里的星的数目则和其总面积、也就是距离的平方成正比（如果宇宙是均匀的话）。结果是每一层里的星对我们贡献等量的亮度。当我们极目向外看时，看到的是各层的（无限多层的）总和，结果看到的将是无穷无尽的亮（如果宇宙是无穷无尽的话）。当然，除此之外，还有一个条件：宇宙的年龄也是无穷老的，这样才能确保遥远的星光已经到达地球。

　　科学佯谬的命题及道理往往很简单，其可贵之处在于能引发出深沉的思考、多面向的探索和正反求证。暗夜佯谬可算得上此中佳作。前述的古典说法，马上就会被你看破——如果宇宙是无穷大又无穷老的话，就会无穷尽的亮，也就会无穷尽的越来越热！甚至你还可以将前一段里所述的"亮度"换成"万有引力",竟然也完全言之成理。那么结果成为:我们应会感受到宇宙里无穷大的万有引力!这显然是错误的推论,是简易版的稳恒态宇宙模式躲不掉的尴尬之一。

以现代的天文、宇宙的知识与理解程度而言,回应暗夜佯谬仍然牵涉颇多,不是一蹴可及的事,可怎么说答案都是"远在天边"。

首先,既然夜是暗的,那么宇宙就不该是无穷大又无穷老的。这让早先就已漏洞层出不穷的稳恒态宇宙模式更是雪上加霜、穷于应付了。当然,近几十年来,源自星云的红移观测的大爆炸——宇宙膨胀理论已然大大地胜出了。现在我们认识到:我们可见的宇宙只有137亿年,既不无穷大也不无穷老,而中间发光发热的恒星既不是无穷多,更不是永恒的。也就是说,可见的宇宙里并没有那么多的星星发光充斥穹苍,那么"夜是暗的"也就其理可稽啦。反过来说,"夜是暗的"也为大爆炸理论提供了一项间接的佐证,虽不是充分条件,倒不失为一个必要条件。

毫不意外,一直以来对于暗夜佯谬,还有许多其他尝试性的解释。例如最直接的,何不假定宇宙里弥漫着一大堆会吸收光的物质,譬如粒子、星际尘。对不起,假如宇宙是无穷大、无穷老的话,即使有这么多吸光物质,它们也早已达到热平衡,自行发光发热,所以仍旧归结到前述稳恒态宇宙模式的尴尬。而在现实的大爆炸宇宙里,尤其在星云内,星际粒子尘会吸收光也真有其事,只是它们的真正效应或贡献不大,并不是形成暗夜的重要因素。

还有呢,大爆炸后的膨胀宇宙,星云之间不是都相对有着光谱上的红移吗?越远的星云红移越大,以致原本发出的可见光对我们而言变成了可见光范围以外的红外光,当然也就无从亮起了。这番论述言之成理,让暗夜"暗上加暗"。

既然是谈"暗",你肯定联想到近年来宇宙物理学中谈及的里那神秘又举足轻重、充斥着宇宙的暗物质、暗能量吧!虽然今天的我们对它们几乎一无所知,但也许可以怀疑它们是否在暗夜的解释上正参与、扮演着某种角色？而那古老而看似简明的暗夜佯谬，其背后是否还藏着什么意想不到的深奥玄机？

小贴士

一首已传唱两个世纪的经典儿歌："Twinkle; twinkle; little star; How I wonder what you are!"（一闪一闪小星星，究竟何物现奇景），发人深省。

星星是什么？它们靠什么发光发热？今天任谁都知道：就像所有的恒星一样，太阳简言之就是可以持久旺盛百亿年的大原子炉，进行着和氢弹一样的核聚变系列反应。其净结果是4个独立氢原子核（亦即质子）聚变成为1个氦原子核（2个质子加2个中子）。聚变过程中小部分质量按照质能公式转化成大量能量，从而发光发热。可是，在爱因斯坦质能公式以及量子力学、原子核物理问世之前，千百年来，人类对于太阳、恒星是何物基本上无从问起。最实在的例子，当数大物理学家开尔文爵士，他根据古典力学里重力势能转变成热能的道理，推断太阳系（包括地球）的年龄，相较我们现在确定的46亿年，差了两个数量级！（见第14篇）

核物理大师贝特（H. Bethe）被授予1967年的诺贝尔奖，表彰他在1938年前成功地阐明了恒星发光发热的核聚变反应。其实先于贝特已有诸位大师下过工夫，包括爱丁顿（A. Eddington）、伽莫夫（G. Gamow）、豪特曼斯（F. Houtermans）、魏茨泽克（C. F. von Weizsacker）等。

有一则广为流传的关于豪特曼斯年轻时追求女友的轶事：那天晚上，花前"星"下，浪漫的星空让女友很欣喜，于是他向她透露：他即将是第一个参透星星为何会发亮的人类。结果呢，女友对于成为划时代大发现的第二知悉者全无预期的感动。曲高和寡，知音难求，古今中外皆然。

真情世界

20. 真戏假读——别傻了!

21. 假戏真做——别闹了!

22. 夏虫字典里的 "冰" 字: What's in a name?

23. 本末倒置的命题

24. 单位计量的吊诡

25. 遥感: 老把戏 + 新科技

26. 尺寸、维度堪讲究: Size Matters

27. 费曼大师的小失误

20. 真戏假读——别傻了！

如果你不幸听说过这样的说法：那些年美国所谓的"宇航员成功登陆月球"其实是一个大骗局，而你也就因此将信将疑，那么我应该对你说：别傻了！

在1969—1972年，美国国家航空航天局（NASA）的阿波罗计划之下，宇航员六次登陆月球（阿波罗11号到17号，除了13号未竟而折返），共有十二位凡人曾经踏上月球（见图20.1），这项人类伟大的成就是毋庸置疑的。可是长久以来都有外界提出的质疑，言之凿凿，说整个事件是个大骗局，包括影片、照片也都是在片场里伪造的。

有两点值得先指出。其一：整个阿波罗登月行动里，美国倾全国之力，十万人参与，努力了十年。要想精心安排设计出那么大规模的骗局，还得自圆其说、蒙骗世人那么久，其困难度岂仅是"区区"登陆月球所能比拟的！

其二：当年，登月是冷战期间东西阵营胜负的终极标杆，美国成功拔筹，一雪之前发射人造卫星、送人上太空两项竞争落后于苏联之耻。而苏联这回当然输得很不甘心，如果美方有任何造假的破绽，苏联那些专家中的专家会视而不见地放过吗？可是质疑的，并不是当时的苏联专家呀！而是后来一些美国国内"正义"的好事者。怎么回事呢？

我也纳闷。

倡议者或搭顺风车者，少不了那些沽名钓"利"之辈（书可没少

图20.1   1969年阿波罗11号登月时所摄
你觉得这场景有任何"不对劲"之处吗?

写、电视没少上、钱没少赚、风头没少出)。而相信者的理由,可能是人性的一项特点:总希望这世界上发生一些离奇的事,例如追寻一些大秘密,或揭发某些大骗局,如此人生不是更热闹好玩吗?

我可不想花工夫去细论质疑者那些陆续出炉的诸多"证据":除了疑似资料、档案的遗失和人为错置外,从影片、照片中光影的"不对劲"、不见星的背景天幕,到登陆处的月面灰尘、旗帜的"飘扬",以及从太空舱的冷热效应、辐射危害,到月岩的成分等,各类"证据"光怪陆离、林林总总。可是同时我也很鼓励有兴趣、有疑虑的读者,把所有的质疑,根据你所具备的物理知识仔细地一一想通:为什么该是这样而不该是你以为的"理所当然"那样?太空、月面的环境毕竟与你我的直觉有根本的不同,而对照常常是有效,而且很有趣的科学学习方法。

　　至于NASA官方，这么多年来从未对登月的质疑正式出面澄清，难道确是被抓了包，无从辩解了？当然不是，而是堂堂正正的NASA没必要随着无聊之论而起舞。其实事到如今也不辩自明了：从2009年NASA的绕月宇宙飞船月球勘探者号的高空望远照相机，陆续在各次阿波罗登月地点拍摄到的影像中，不但可以辨认出当初的登月艇的身影，而且确定了它们几十年来"别来无恙"呢（见本篇【小贴士】）！

　　另一则同样离奇（或说荒唐吧）的事例是罗斯威尔事件（Roswell UFO incident）。

　　1947年7月间，美国新墨西哥州沙漠中的罗斯威尔小镇，有乡人们向镇政府报告，在附近的空军基地51区的某处，目睹从高空坠下的奇怪物件，疑似飞碟。待镇政府人员前往视察时，该物件已无踪迹。空军在第一时间对当地民众发表了简略声明，称只是高空实验气球坠落而已，涉及军事机密，不便多说。

　　31年后，一位空军退休人员（同时也是UFO信徒）却在访谈中，宣称空军当年其实藏匿了失事的外星人飞船，并隐瞒事实云云。消息不胫而走，以讹传讹，说空军竟然还另藏匿有烧焦的外星人尸骨，甚至还有尸骨照片为证云云。多年来媒体没少渲染，以致流传越来越广，信众越来越多，一路下来当然也没少产生商业行为。近年来甚至有好事的信众、UFO俱乐部信徒、凑热闹的游客，每年7月5日—7日聚集在罗斯威尔镇举办纪念、庆祝的嘉年华会活动，好不热闹！

　　1990年代，美国空军再次正式发布报告（早先的军事机密已不再属于机密），声明罗斯威尔事件只不过是当时在空军基地的一系列国防实验用的高空侦测气球，曾发生过实验橡胶假人坠落甚至燃烧的事件，如此而已。这场普通事件的唯一不普通处，只是它无可避免地被乡人碰见，被好事者添加想象，"发扬光大"了。而军方碍于军事机密也不便对外多加说明，以致后来越演越神（鬼）话连篇。事到如今，信或不信似乎已与真相无关了！今天一般人似乎都"认得"外星

图20.2　罗斯威尔事件传闻中描述的所谓"外星人"长相

可是，长这样的有可能是外星生物吗？

人——不就是类似图20.2吗？其实那只是当初罗斯威尔传闻中对所谓外星人的描述的好莱坞版，源自一具被烧焦的橡胶假人！

如果真有外星人的话，它会是这长相吗？当然毫无可能，因为那种眼、耳、鼻、口、手、足、身体俱全的生物，其生理机制显然完全是适应地球环境的地球产物（见第23篇）。试想：就凭地球生物这特定的生理机制，我们有可能存活于任何其他的星球环境吗？就连去地球近旁的月球，航天员都必须穿着特制的宇宙飞行服，自备氧气、通信工具，通过层层包裹来控制温度、湿度、气压等并阻挡辐射，才能短暂停留。那么我们怎么能期待任何外星人会长得跟我们一样（只是有点"丑怪"而已）呢？那么罗斯威尔传闻中的像图20.2中那样的东西，又怎么可能是外星人呢？

在这类的事例里，我有几则感想。其一：我们总"希望"这世界上有些离奇的事存在或发生（我们不是都酷爱魔术吗？），这是人类珍贵的好奇心使然。于是我们面对奇缘异事时，往往会说"宁可信其有，不可信其无"。可是对不起，当那个"有"的可能性微乎其微时，那毕竟只是你主观的"希望"，并不是客观的真实。

其二：对事情的最简单、最直接的解释，通常就是正确的解释。除非你只是忍不住觉得好玩，否则实在不值得七弯八拐地去追寻其他似是而非（例如有外星人来访）的解释。这应是科学判断的一个原则。

其三：我常想，我们身处的大自然在我们地球人面前展现出的，才真是最深邃、最神奇美妙、最让人惊叹的！说大自然才是最富想象力的设计家，绝不为过，人类浅短的想象力相较之下完全微不足道。你不是有强烈的、主动的好奇心吗？与其被凡人制造的无聊噱头引领着盲行，远不如去理解科学、探究大自然的道理。虽然十年磨一剑，要花许多工夫，但其收获却是无穷尽的！

小贴士

2009年NASA发射了新一轮的绕月宇宙飞船月球勘测轨道飞行器，除了计划内的各项遥测工作外，科学家们还让它携带的照相机可以顺带拍摄到几个特别的标志物——四十年前的各次阿波罗登月艇（分处六个地点）。

这里关键的物理参数是图像分辨率，照相机镜头的直径越大，分辨率就越高（道理和望远镜相同）。月球勘测轨道飞行器所携带的照相机，从两三百千米高的绕月轨道里拍摄月面，分辨率精度高达一米左右，确实足以在月面上分辨出三米多长的登月艇（其影像占据约十个像素）。而更有利的情况是：如果拍照时太阳是低角度斜射，那么对象的长长的影子，不但可以更加凸显对象的所在，同时可用以辨识对象的立体形状。

图20.3就是月球勘测轨道飞行器照相机所看到的。科学家们很惊喜地在预期的地点，经过仔细辨认，陆续找到了各次的阿波罗登月艇和放置于附近的仪器，甚至还有宇航员当初走过的足迹！

顺带一提：如果你嫌图中所见的登月艇影像太模糊（也就是分辨率太低），那你也就可以明了，卫星对地球表面物体拍照时，同样受到分辨率的限制（目前最佳可达半米左右），也不会太清楚（网络里常有很清楚的照片其实是低空近距的飞机航拍的，与卫星不可

图20.3   2009年月球勘测轨道飞行器拍摄到各次阿波罗登月艇影像
左是阿波罗11号场址；右是阿波罗14号场址。

同日而语）。再加上卫星"看"到的地点与时间点完全受限于卫星
的轨道，并不是随心所欲的，所以电影里常常出现的"万能"卫星场
景，要看啥就可以即时即地又清楚地看到，其实以目前科技而言只
是子虚乌有。

21. 假戏真做——别闹了！

传言中的大难临头了，科学家们都睡着了吗？他们何时才要告诉我们该怎么办？

【本台综合报道】

2004年12月26日，印度尼西亚北苏门答腊岛近海的海底，发生了人类百年地震记录史上第二大的地震。随之而生的大海啸，在几小时内吞噬了印度洋周遭沿海27万居民。沿该岛外的海沟是印度板块和澳洲板块强力挤压的俯冲带，近代史上最大的两次火山爆发——1815年坦博拉火山、1883年喀拉喀托火山——都发生在该地区，以致地壳早已长期处于随时会断裂的脆弱状态，岌岌可危。该地震发生的地点极接近赤道，是地球自转离心力最强的纬度（根据NASA的测量，该离心力之强已使得地球呈扁椭形，赤道直径外突出43千米）。地震当天正值满月大潮，地壳承受了最大的潮汐力，而且时值冬至，南半球相对于北半球接收了过多的太阳能，造成整个地球极大的南北能量不均衡。又加上大量的圣诞节度假游客蜂拥至此，增加地壳的负荷。地震发生在日出后一小时，当地正迅速地进入太阳风（速度高达每秒500千米的带电粒子）的轰击范围，成了压垮骆驼的最后一根稻草。地震后，NASA的遥感卫星监测到，海啸行经处的海底地形遭到大规模的破坏，海流因而紊乱，印度洋区域的气候和磁场都记录到异常现象。同时根据NASA的计算，地球自转的轴向明显被震偏了，造成的钱德勒摆动更加剧了地壳里的应力累积。地震学家白托·萧虎朔博士推断，这应力就是造成三个月后在同区发生的另一个大地震的直接原因。他的研究进一步表明，世界上历来的大型自然灾难，将近一半发生在满月或新月这种潮汐最强日的前后72小时之内。这为预报地震开拓了新的研究方向，受到国际重视。

上述报道有没有似曾相识的感觉？其实除了几项事实和数据外，其他全都是我胡诌的。似曾相识之感，应该只是因为我诌的都是类似媒体里流传的各方言论。

民众对科学好奇有兴趣确实可喜，但是可忧的是：媒体里充斥了太多这类的胡说八道了！而且常有引用某某来历不明的"专家"的言谈。别给唬了，"地震学家白托·萧虎朔博士"往往只是位思而不学、又不甘寂寞的业余者"拜托·少胡说先生"借传媒发谬论而已。顺带提醒你，"将近一半的灾难都发生在满月或新月的前后72小时之内"一点也不奇怪，因为我们的日子本来就有接近一半是在望日或朔日的前后72小时之内！

可怕的是，我所胡诌的论点中竟然有些听起来言之成理。然而这些"理"只会在定性上振振有词，而经不起定量的考验——只消把数字代入去估计，马上就会了解那些效应都小得微不足道，以致那些"理"也只是似是而非罢了。

一个现成的好例子——2012年甚嚣尘上的"2012大末日"：话说眼看着太阳将在2012年爆发强大无比的太阳磁暴，轰向地球，造成地球磁场和自转的大错乱、地核倒转、全球山崩地裂，发生一场史无前例的全球大灾难。同时有人分析出：中美洲玛雅古文明的长历算来将在2012年告一段落，清楚地预告了人类文明将在该年遭到毁灭！连NASA的科学部门都特别提出了警告！这又怎么说？

　　让我来为你还原科学的真相：原来太阳表面活动有所谓太阳黑子的11年的周期，每隔11年太阳黑子数量就会攀升到旺盛期，然后又逐渐消减，如此周而复始，这早已是世人皆知的事（见本篇【小贴士】）。当年那一轮太阳活动，2012—2013年间太阳黑子数量会到达最旺。届时增强的太阳风，虽然大部分仍会被地球的磁场挡掉，但偶尔会爆发特大的磁暴（见图21.1），太阳风以集中暴冲的方式，沿某方向射出，地球若不巧正处在磁暴扫射的范围里，就躲不掉一阵带电粒子的大轰击的"洗礼"。那时候地球会发生什么事呢？

图21.1　一幅复合拼图（见图版）
由太阳探测器摄于2002年（太阳黑子旺盛年）1月，太阳本体摄自远紫外光望远镜，周遭（亮度相对放大了）庞大的日冕物质喷射摄自日冕仪。地球相对此图不及一颗芝麻大。

南北极周遭的极光会增强、变频繁（正是组团去观"光"的好时机！见第3篇），除此之外啥也不会发生！每11年一回的这种太阳风旺盛的事件，地球这辈子里经历过何止千千万万回！你自己这辈子里也经历过至少一回吧——上一次是2001年前后。你记得那年地球发生了什么因太阳的异状带来的大灾难吗？再早11年、22年以前呢？太阳磁暴大轰击的"洗礼"，你我都历经过多少次了，就连肉身都不知不觉、毫发无损，更别说地球了！

仔细读清楚NASA科学家提出的警告，你就会了解，2012年前后需要面对的灾难，并不像传言所说地球或人类的生存遭到了什么危险或威胁，却也不完全是庸人自扰——我们新时代的文明生活会遭到不乐见的干扰：太空轨道里的人造卫星仪器会遭到异常强劲的太阳风袭击，卫星通信、GPS定位都受影响，甚至出现故障。地面的变电站有可能很不幸地被克服了地磁障碍而长驱直入到达地面的太阳风"打到"，引发高电压脉冲而导致大规模停电。太阳风旺盛的1989年，美国和加拿大东部的一次灾情惨重的大停电就是归咎于磁暴事件，对新时代的社会可以说是个"当头棒喝"。当人类的生活越发依赖敏感的新高科技和经不起风吹草动的经济体系时，这种事件就越需要重视。这也就是空间天气科学所面对的议题。话说回来，若你觉得偶尔手机没信号、GPS定位不灵、甚至大停电并不算是灾难的话，那么你尽管安心。

"可是这回不一样啊！古玛雅的先知不是已经预告了人类文明将在2012年告终吗？"那么，我倒好奇为什么会有人相信玛雅人（或任何其他种的人）有预知未来的能力？（莫非是想惑众而从中捞一笔？而你竟也不察而相信之？）至于他们的"长历"将在2012年某日告终一事，你可以这样想象：一位外星人初访地球，浏览了人类文化之余，发现全世界家家户户都挂着叫作"年历"的记日板，而且都在定为"12月31日"的那一天戛然而止。于是发报给外星人总部："地球人的先知们，早已预知了他们的文明末日，他们即将在12月31日遭到毁灭。让我们期待生还者能够重新出发,创造新一轮的文明!"多么的凄美、悲壮。可是拜托,这是明摆的荒谬呀!

其实,人类大灾难、末日来临的"警讯"从未断过。小至当年某"科学家"预告1982年的所谓"木星效应",大至2000年的某宗教预言某位"天神"再次降临人间,一桩桩事件持续出炉。事前都闹得沸沸扬扬,待蓦然过去,却是船过水无痕,曾经的无稽预言没人需要负责,大众似乎也不打算从这些"狼来了"事件中吸取教训,以致下一次依旧"沸沸扬扬"。

2013年的元旦如今早已过去。回顾那一年里,除了少不了的"正常"天灾人祸外,曾经发生了世界末日或任何太阳磁暴引发的冲击人类生存的大灾难吗?顺便一提:其实该轮的太阳旺盛期竟是异常低,比过去诸多次相对都低。不必多费唇舌,现在我倒愿意打个赌:人类大灾难、末日来临的无聊预言还会有一波又一波,肯下注吗?

小贴士

太阳黑子活动有强弱不一的11年周期,这是根据数百年来太阳黑子数的观察所确认的(见图21.2)。黑子是太阳表面的磁流体大漩涡,黑子数多时代表太阳活动较旺盛,此时太阳风较强劲,大

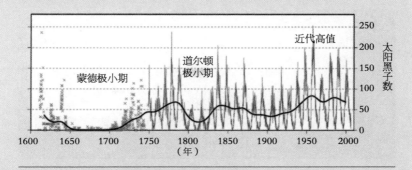

图21.2　400年来的太阳黑子数的11年周期
太阳黑子数强弱不一,包括两个低值时段。

的磁暴事件也较集中发生，连太阳发出的电磁波（光和热）的量，也比黑子数少时略强千分之一左右（也就是说"太阳常数"其实并不真"常"）。

那么，太阳黑子周期有没有影响到我们的短期气候形态？简单的答复是：即使有，那影响也微弱得无法明确地判定，所以科学家还在探索琢磨呢！

但对较长期气候而言，有件怪趣的事实确是发人深省：记录显示过去有一些年代太阳黑子特别不活跃，最著名的是蒙德极小期：1645—1715年的70年间几乎完全不见黑子，另外还有沃夫极小期（1282—1342）、史波勒极小期（1450—1534），以及道尔顿极小期（1790—1830）等低值时段。而15—19世纪正处于所谓的小冰河期，那时气温普遍较低（至少北半球），人们生活困顿。这是不是暗示了地球气候的冷暖与太阳黑子的活跃程度有什么直接或间接的关联呢？

22. 夏虫字典里的"冰"字: What's in a name?

不同文化给予自然物的名称里，纠结了地理背景、历史因缘，以至人类文化的演化、融合的时空故事。地球科学在此又遇见了人文历史。

孔子说:"必也正名乎"，名称之重要不可等闲视之。莎士比亚剧中，朱丽叶对罗密欧哀伤地问:"What's in a name？"控诉着名称的沉重。名称，真是代表了太多，也经常蕴涵了值得深究的信息。

和生活环境有关的例子:极北地区的因纽特人为了适应需要，用来描述冰雪的字多达三四十个。翻开中文字典，我曾疑惑:以"竹"这单一物种为部首的字何其多！最古老的字典《说文解字》里就录有147个，相较于树种繁多、用途无所不在的木字旁的419个字，竟不遑多让。这一方面印证了竹的使用在中华生活文化里的重要地位，一方面也透露了玄机:几千年前的气候"大暖期"时，竹在中原是很普遍的，就像今天的华南一样。

在地球科学的实例里，就拿两种怪风、一种怪浪来说吧。

第一种怪风是台风。

台风怪吗？对生活在台湾地区、大陆华南地区的同胞而言，似乎不足为怪。但是千万勿忽视了它的奇妙！细想台风的生成和行为，不是充满了奇妙吗(见第30篇)？对从来不曾经历过台风的人来说，无凭无据是很难想象的。好比《庄子》里比喻的:"夏虫不可语冰"。没见过更想不通,所以对不起,夏虫的字典里没有"冰"字。

中文里有没有"台风"这个名呢?可说是直到晚近的清代才出现。过去为什么没有?很简单,那玩意只在边陲的海畔偶有所闻,不在中土陆权国家的考虑范围之内(见图22.1)。那清代缘何出现此名?是因为开始移居台湾地区而逐渐遭逢之、正视之?倒也不是。现有一说似乎言之成理:明代在郑和七下西洋、劳民伤财后施行了海禁,阿拉伯的商船则开始纵横印度洋、南洋,以至中国沿海。他们一向称这种怪狂风为"tufan"(似乎是沿袭了风神的阿拉伯语)。同时中国的广东人称之为"太风"——太者,比大还要大也(例如唐"太"宗)。就这样,中文里有了"台风"。其英文也由阿拉伯语的音译,融合了中文的音译,成为今天的"typhoon"。

英文和中文一样,原本并没这个名词,因为欧洲等传统的较强势的文化,发展处都在中高纬度、大洋东侧,没这号风。一直到哥伦布发

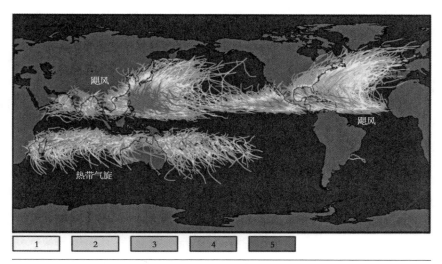

图22.1 百年来有纪录的大小台风(typhoon)、飓风(hurricane)、气旋(cyclone)(同物而异名)的行径(见图版)

可看出为什么中文、英文里原本都没有这些名词来指称这种"怪风"。也可看到台湾地区、大陆华南地区是如此受台风的"眷顾",夏季带来丰沛的雨水。至于为什么赤道带没有台风呢?请见第30篇。

现新大陆之后，西方才开始认识北美洲的飓风，于是跟着北美洲原住民称之为"hurricane"，其实是当地传说中的风神之名（至于中文用的"飓风"一词，倒是古已有之，意思是四面八方来的风）。

所以，今天这种热带低气压造成的怪狂风，在西太平洋的叫"typhoon"，在大西洋和东太平洋的叫"hurricane"，而在印度洋区又通称"热带气旋"（tropical cyclone）。所以你若听说过2008年5月使缅甸伤亡惨重的热带气旋，甭疑惑，就是当地的台风。

日文呢？日本饱受台风的肆虐摧残，肯定不会等闲视之。日文以"神风"（kami-kaze）来称台风，感念着当年忽必烈率领元军入侵时两次台风拯救了日本。可惜在二战末，这名称被日本军头用于自杀飞机特攻队，圣名成了愚昧而悲惨的代号。另一方面，日文也用汉字的发音法，正式以"tai-fu"称台风。

第二种更怪的风，是龙卷风，国际通用名"tornado"。

美国中部的大草原区是今天世界上唯一的龙卷风多发区，每年约一千起。19世纪才有来自欧洲的移民把它画下来，1884年第一次被照相技术捕捉到（见图22.2），20世纪渐为人知，近二三十年来才逐渐在大众媒体上多有展现。它的暴烈、震撼、来去无踪，要不是目睹，绝对没有人能够会相信或凭空想象得出世界上竟有此物！

"Tornado"一词源自西班牙语"回转"的意思，也有雷暴雨之意，被用来命名龙卷风这新大陆的现象，显然最先是由殖民美国中南部的西班牙裔所为。值得注意的是：英文里原本并没这个名。

中国古籍谈及龙卷风的，也是凤毛麟角，连名称都拿不定。这再次显示了，既然没这物，当然也就没这名（见第4篇）。最早的记载可追溯至战国时期《庄子·逍遥游》："有鸟焉，其名为鹏，背若泰山，翼若垂天之云，抟扶摇羊角而上者九万里。"《庄子》同篇里有另一段话，几乎雷同，只缺"羊角"二字。我怀疑那"羊角"二字是不是后人的注释被误并入正文了？这十分形象的"羊角"无疑就是龙卷风。那么"扶摇"

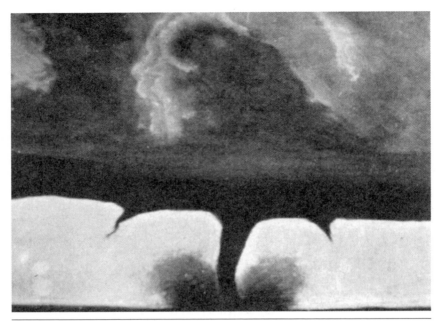

图22.2   首度被照相技术拍摄到的骇人的龙卷风
位于美国中部的大草原区,时为1884年。以后这种"怪风"才渐为世人所知。

呢? 中国最早的辞书《尔雅》,其《释天》篇为各种风命名时,称"扶摇谓之猋……回风为飘"。郭注:"猋,暴风从下上",说明猋是从下而上的暴风。《说文解字》指出,猋(音同标),原意是狗疾行貌;作为风名时,与飙同义。又列"飘"字于"飙"字之后。段注:"飘,回风也,盘旋而起之风,庄子所谓羊角。"司马云:"风曲上行,若羊角也。"原来我们常用的飙、飘,如同羊角、扶摇一样,就是泛称龙卷风以及其他类龙卷的古名。《尔雅·释天》《吕氏春秋·有始》《淮南子·地形训》对各个方向的来风、各个季节的风,都有正式的命名(所谓"八风"等),但飙风、飘风并不在内,显然属特殊一类。

"龙卷风"这一名词似乎到晚近才有。它出自何处? 我们知道,许多现代白话文惯用的中文词汇,其实是源自日本人使用的汉字词汇,"龙卷风"一词亦然。"龙卷风"在日文里其来有自,以传统日语发音是

"tatsu-maki-kaze"，古老日本民间故事屡把它视为龙的出现。这显然意味着日本一向注意到这号怪风，但想来应是以较小的水龙卷为主。

怪浪，我指的是海啸。

和寻常的海表面的风吹浪相比，海啸的行径真的怪极了。海啸多半肇因于海底地震的破裂，也有海底滑坡、土石流造成的，因此总是突如其来。仅仅三五个浪头，波长远长于海水深度（所以科学术语称它是一种"浅水波"），波速极快（快如喷射客机！）。但造成灾害的原因并不是波速，而是袭岸时浪高会抬升十倍、百倍。更可怕的是，寻常的风暴浪，高则高矣，来去总共就几秒钟，好像打游击战，只是小打小闹，而海啸浪则像百万大军，源源不绝涌入，几十分钟足以将临海地面洗掠一空。其实世界各地大大小小的海啸应该所在多有，大都不成气候，只有足够大的少数海啸造成灾害，被注意到或记录下来。

以中国的地理状况而言，东南临海都是浅海，非海啸用武之地。而会发生海底大地震的邻近地区又远在日本列岛、琉球群岛等的东侧（见第10篇），鲜少会遭海啸的袭击，以致文字里一向也无代表此特定涵义的名称。在古来的中土文化里，那些称为"海吼"或被形容为"海溢"的，只是遥远海畔的偶发异事，又常不明就里的和风暴潮混为一谈，鲜少受到正视。

西方文字例如英文里呢？更没有了。原来，欧洲大陆及其滨海，处于相对稳定的大陆板块，基本上是鲜有海底地震的。和中国一样，海啸并不是他们生活中会出现的事物，所以文字里自然没它。

哪些文化可能有这个名词呢？例如地处西太平洋多地震地区的大洋洲海洋民族文化。当然，还有对地震和海洋都不陌生的日本文化（见图22.3）。

日文里的海啸以汉字写为"津波"。"津"是渡口，是海洋民族和海洋接触的第一线。日本人民在历史长河的生活体验中，认识到一种特定的、与众不同的波浪，虽然莫名所以，但在敬畏之余，赋予它特定的

图22.3   日本江户时代浮世绘大师葛饰北斋晚年的版画《富岳三十六景》(1831年)
其中最广为流传的《神奈川冲浪里》,以一个"身历其境"的角度描绘出海畔的巨浪。
许多人认为所绘是海啸。

"津波"一名。

科学界怎么称呼它?过去科学界除了用"津波"的日文音译"tsunami"以外,同时又往往讹称海啸为"潮波"(tidal wave),不求甚解的大众也就乐得沿用后者,却忘了原来海啸和日月万有引力造成的"潮"是风马牛不相及的事。

2004年12月26日,印度洋苏门答腊外海发生了震级9.3级的旷世大地震,造成特大海啸,成为夺去近30万人生命的人间惨剧,但也同时唤醒了全世界人类对海啸的重视。在这以后,科学界才负责地带头以正视听,一致采用了"tsunami"之名,成为国际通用,也让"tidal wave"一词走进了历史。反倒是另一个海洋现象的名称被日本(古)人给误用了——"黑潮",其实黑潮是洋流,一样和"潮"无关(见第30篇)。

就这样,怪风怪浪之名,在世界文化融合之下,飞入寻常百姓家,人们就见怪不怪了。

23. 本末倒置的命题

当你不幸混淆了因果关系、把问题的本质本末倒置时,你将感叹我们的自然环境里诸多的"恰巧""幸好",感叹"神造万物"对我们可真是费心照顾。

好奇应该是动物通过演化而形成的与生俱来的智慧。我总要青年学子拾回那渐远的赤子之心、好奇之心,每事问:为什么? 为什么的背后还有更多为什么。无人可问就问自己。一时得不到答案的,先存疑但别忘了去思考。事物一般是没有标准答案的,从不同的视角、不同的层面出发,都可以有不同的思维,甚至不同的问法。

我常疑惑:可见光为什么特殊? 电磁波谱从短波的γ射线到长波的无线电波,波长可以横跨十几个数量级。可见光(400—700 nm)只不过是其中窄窄的约1/4个数量级,为什么我们对它情有独钟? 同学们在课堂上的回答十个有九是"显而易见"的答案:"因为人眼可以看见它。"是的,可是真正的问题是:人眼为什么对可见光情有独钟?

追根究底的原因是:我们赖以生存的太阳,表面温度在6 000开左右。这样的温度,其黑体辐射的电磁波段(见本篇【小贴士】)就集中在我们叫作可见光的窄窄的一段(加上邻近附带的一些红外光和紫外光)。当然你可以再追究:为什么太阳表面是这个温度? 那是恒星物理,属于另一个问题了。

既然地球上充满了这种"可见"的电磁波,动物也就不客气地演化出一种侦测器,以便将之转化为生存、发展的基础。这种侦测器,就是我们称为"眼"的。而这段电磁波也就被我们主观地称为可见光了。所以前面提到的"显而易见"的答案,其实是本末倒置了。眼睛并不是动物本就该有、而恰巧就适用于我们环境里的可见光的!

同理可知,演化为植物也创造出了美妙的光合作用,以利用那充斥于环境中的可见光为能源来制造生物质,可以说植物就是一棵棵光合作用的机器。反之,地球自然环境里其他波段的电磁波微乎其微,任何企图利用其为能源的生存方式,不啻缘木求鱼,而且绝对不会在演化进程中成功存留的。

再追究更深一层:以上所说要成立,还需要地球的大气对可见光是透明的!巧的是确实如此:地球的大气对电磁波有两个透明的窗口波段——可见光波和无线电波。假使太阳光被大气阻挡进不来,或者被大气强烈散射(譬如金星、木星),那么生物的演化对"采光"势必要另谋途径。例如一些洞穴里生存的动物,演化久之,干脆放弃了那不再有用武之处的眼睛。又如蝙蝠为了要在缺乏可见光的夜间飞行,演化出利用声波的(主动式)侦测系统,而不再依赖眼睛了。

可见光里面也拎得出本末倒置的例子。我们都说红、蓝、绿是三原色,好像这三种颜色,也就是这三种波长的光有什么本质上的特别,但其实只是因为我们人类的眼睛演化出了三种视锥细胞,分别对红、蓝、绿特别敏感,而这三种视锥细胞接收的信息可让大脑解读为各种颜色而已。其他的动物有它们特有的多原色,例如采花的昆虫大多可以看到近紫外光。

我也曾疑惑:可见光有几种颜色?彩虹是七彩还是五彩?其实这样的问题在客观的物理世界里是没有意义的,原因很简单——光谱是连续的,颜色只是你自己主观的认定而已。你要说彩虹有180种颜色我也没意见。

反过来说,如果太阳有着不同的温度,譬如那种较小而较凉的棕矮星,它的黑体辐射电磁波段也会不同,那么动物演化发展出来的侦测器"眼",也就会不同于我们认为理所当然的眼睛,而植物也不是理所当然的绿色了。这里可以有这样一个推论:如果有所谓外星人的话,它绝不会是像好莱坞影片里那样,眼耳鼻口手足俱全,只是长得丑怪些而已。因为那样的动物显然是只适合地球环境而打造出来的,只可能是地球物种,不可能是外星人(见第20篇)。

也就是说,地球上生物的生存机制和形态,完全是地球自然环境的产物! 自然环境是因,我们这些生物是果。这看似浅显的道理引出这样一段悖论:

我们也许会以为(传教者和"神造万物"论者也不断强调):我们的自然环境(或"上帝")对我们可真是费心照顾! 自然环境充满了"恰巧""幸好",让我们得以存活得适宜。就拿太阳光来讲,恐怕每个人都听过这样的说法:我们的大气外层有稀薄的臭氧层(约15~30千米高处),挡掉了太阳光里有害的紫外线,保护了我们,否则人人将大难临头,遭受皮肤晒伤和罹患癌症风险。这岂不是"幸好"有"上帝照顾"? 可是如上所述,既然地球生物仰赖太阳光(黑体辐射)里的可见光而存活,为什么紫外线却是有害的? 原因是既然紫外线已被臭氧层挡住了,物种在演化过程中就没有应付紫外线的需要,也就没有演化出这种能力了。如果紫外线没有被阻挡掉,那么物种当然早就演化出成功应付、甚至利用紫外线的生理机制了(实际上人类确实利用皮肤吸收紫外线来协助制造身体所需的维生素D)! 同样的论述可以适用到大气层"保护"我们不致遭受宇宙射线,地磁场"保护"我们不遭受太阳风,等等。

所以,并没有"上帝"在那儿特意设计了保护我们、照顾我们远离"邪恶"的各种方式,生物演化只是自求多福而已,绝大部分的演化都以失败告终。这因果的必然里并没有那么多"恰巧""幸好"。

再以一个黑体辐射造成的现象——温室效应为例。简单地说,温室气体对太阳光是透明而对红外线是不透明的，地球被长驱直入的太阳光晒到"普通"温度，而以红外线形式的黑体辐射将热能辐射出去时被温室气体阻挡了，地表温度因而比"应该"的略增，是为温室效应。现在温室气体增加、温室效应增强，导致全球增温，人类面临了严峻的问题。但我们知道大气里其实原来就存在相当分量的水汽、二氧化碳、甲烷等温室气体，倘若完全没有温室气体，地球的平均温度会比现在低20多摄氏度，可能还不到0℃。

那么我们是不是应该说："幸好，否则世界上的生物会冷死。"因而庆幸有着"上帝照顾"？其实这样又是本末倒置了。今天的我们只不过是在温室效应所提高的大气温度条件下，演化出来的生物。在自然的温室效应较弱的状况下，物种演化产生的就会是适合冷环境的生物——对你我而言也许那是个奇异的世界，但那里的生物却是乐在其中。

上述的各物理现象，本身并不存在"善恶"的问题。紫外线、温室效应本身是无辜的，我们今天之所以闻之色变，是因为我们人类改变了环境的现状，才造成了自己无法应付的问题。所以问题只在于我们能不能适应变化。当变化太快时，适应并不在于生理，而在于更严峻的生态的、社会的、经济的、政治的、地缘的、心理的种种方面，这是人类面对全球环境变迁时应有的思辨。

小贴士

1900年普朗克（M. Planck）引入量子概念和普朗克常量，导出黑体辐射方程，一方面解释了诸多过去知其然而不知其所以然的热辐射现象，一方面将古典物理学一脚踢进了近代物理的量子世界。

黑体辐射是一种只与温度相关的辐射，它无所不在，任何有温度（只要不是绝对零度）的物体都在放射某电磁波形式的黑体辐射，以达到热平衡。黑体意指吸收所有入射的电磁波，虽然是理想化,但一般物体和黑体的情形相去不远。

　　从图23.1来看,以6 000开高温的太阳为例,太阳所放出的黑体辐射(也就是太阳光)集中在我们称之为可见光的谱带,附带少量两侧的红外线和紫外线。地球上普通的温度所放出的黑体辐射,都在红外线区,地球的大气对可见光是透明的,对其他波段则不然。本文所述的眼睛、臭氧层、温室效应等故事就在其间发生。过去那种一般一千多摄氏度的白炽灯泡,所放出的黑体辐射只有小部分在可见光区,而大部分落在红外线谱带,所以虽然它很烫,但发光的效率很低,以致高效率、不依靠黑体辐射的LED灯泡问世后,它就被淘汰了。

　　另外,我们的宇宙充满着相当于2.7开的微波段的宇宙背景黑体辐射,是从137亿年大爆炸以来宇宙一路膨胀、一路冷却到今天所致。

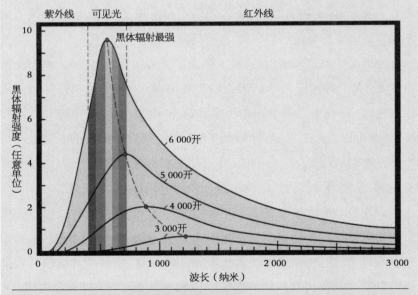

图23.1　不同温度的黑体所放的电磁波波谱

24. 单位计量的吊诡

你曾留意过定量单位的诸多"巧合"吗？这里，我们生活离不开的日常计量又缠上了地球科学。

地球的平均半径是 6 371 千米，把它乘以 π 再除以 2。你知道为什么得到的数字非常接近整数一万吗？"不就是巧合呗！"傻话，可别这么说！

原来这又是一个容易陷入"本末倒置的命题"的陷阱（见第 23 篇），答案牵涉到地球之为"球"、人两手有十根手指头，以及人类对地球探索的历史发展进程。

地球是个球这件事，是人类文明发展了几千年，在许多先知智士的引领下，花了好大工夫才认识到的。哥伦布坚信它，于 1493 年以行动证实它时，却在半途撞上了个他至死都不明就里的"新大陆"（见第 18 篇）。真正以"实验"证明地球是个球的，是航海家麦哲伦。他于 1519 年率五艘船从西班牙一路向西，在菲律宾和当地土著作战身亡，虽然壮志未酬，但他的少数随从继续西行，于 1522 年回到了出发处。

话说 18 世纪，欧洲英法等国称霸世界之争方酣，此时法国对推展十进制单位计量不遗余力。今天事实表明，这是很有见地的。要知道数字本身并没有所谓进制或天生该是几进制的，随便用几进制其实都是可以的。人类很自然地选择了十进制来数数字，只有一个原因：人用来数数字的两手共有十根手指头，而并不是十进制本身有什么特别的了不起(所以不要本末倒置了!)。作为进位的底数,十其实不是个方便的选择,例如它不能被分成三份或四份。但既然用了十进制计数,那么计量单位也配合用十进制,自有其方便之处。

　　数百年前在世界地理大发现的年代里,欧洲海权争相拓展航海,一门关键性的学问——测地学应运而生。1791年,为了要精确定出国际都能满意接受的十进制长度基本单位,法国科学院派出了专家组,在如火如荼的法国大革命期间,进行了一场艰辛的长距测地行动。他们用天体几何方法,实测法国敦刻尔克到西班牙巴塞罗那的距离,换算为通过巴黎,从北极到赤道的经线(1/4个大圆)弧长,得到的数值,取其千万分之一(注意:1 000万仍是个十进制的整数),把它叫作米。随后,以及多年后科学家陆续以稳定、坚硬的铂-铱合金制作了米原器,作为标准尺(见图24.1)。1899年制作的米原器现永久保存于巴黎的国际

图24.1　1874年,科学家们制作的铂-铱合金标准米原器
现存国际计量局;而这种稳定、坚硬的合金后来被称为"1874合金"。

计量局（BIPM）。

时序进入20世纪。随着高科技的进步，基本单位米先后两次被更精准地重新定义：1960年国际度量衡大会定之为氪-86原子的橘色谱线（从$2P_{10}$跃迁到$5D_5$电子能阶）波长的1 650 763.73倍。而后鉴于真空中的光速是宇宙间的一个基本常量，1983年又重新定义米为光1秒的行进距离的1/299 792 458。

一旦大家都同意以某种方式（不论是米原器或高科技定义）定为长度基准后，米的原始来历就无关紧要，成为历史小档案了。但既然这历史小档案说地球一整圈的长度被定为4 000万米（或4万千米），那么我们前述的计算结果（地球的平均半径乘以 π 除以2得到一万千米）就不是巧合，而是理所当然了。甚至可以这么说："地球的平均半径6 371千米是人为规定的啦！"

基本力学物理量有三：长度、时间、质量。长度和质量在国际上都早已用十进制化，即所谓的公制单位（除了今天的美国在尴尬的情况下仍沿用连英国自己都已放弃了的英制。美国1999年的一次火星探测任务的失败坠毁，就是因为其计算机控制程序不小心混用了两种单位制！），但在时间计量上，十进制则仍然不敌人类习以为常的十二进制（这也再次表明：十其实不是个最方便的进位底数）。

有趣的是，时间最初的标准单位也是由地球决定的——这回是其自转速率：平均太阳日的1/24叫作1小时，它的1/3 600叫作1秒。这应该是众所周知的，所以千万不要以为一天有24小时可真"恰巧"。原子钟发明之际，1956年国际度量衡大会决议制定了更精准、更有凭据的秒的新定义：铯-133原子基态的两个超精细能阶间跃迁对应辐射周期的9 192 631 770倍时间。

质量呢？质量的基本单位的原始定义竟也脱不离地球的掌心：1厘米^{3}的4℃的纯水的质量叫作1克（而如前述，厘米最初就是由地球决定的）。这也清楚地说明了为什么水的质量密度"恰巧"是1克/厘米^3。

新时代高科技的新定义却一直要到2019年才正式上路,构筑在普适的普朗克常量之上——它的值已重新定义为 $662\,607\,015 \times 10^{-34}$ 米^2·千克/秒。原用的千克单位标准,一块慎重贮藏在巴黎国际标准局的乒乓球大小的铂–铱合金柱状金属块,也就"退休"而成为历史小档案了。

除了这三者,基本物理量还有另外四个:电流强度的单位安培、光强度的单位坎德拉、温度的单位热力学温标、物质的量的单位摩尔。它们当然都有原始的定义,也都跑不掉从进阶到通过普适常量的更精准定义的"凤命",另外再详述吧。

现在,你应该可以明了,为什么水"恰巧"在0℃会结冰、在100℃会沸腾;为什么让1克或1厘米^{3}的水温度上升1℃"恰巧"需要1卡(1卡≈4.2焦);1摩尔的碳–12原子"恰巧"是12克;等等,不胜枚举。

使用计量单位时,往往因缺少检查或思考而出现好笑的讹误。我以曾经读到的两则报道为例,大家千万要引以为戒。

其一:"由于热浪来袭,气温从20℃变成40℃,增加了一倍!"从20℃变成40℃是加倍吗?那么,从68℉(华氏度,华氏度=32+摄氏度×1.8)变成104℉呢?从293开变成313开呢?都是描述同样的事件,怎么又没有加倍呢?如果温度是从0.1℃变成10℃,难道我们说气温增了100倍吗?如果先前的温度是−20℃,加倍后的温度是否该是更冷的−40℃?这些显然都是可笑的错误论述,它们产生的原因是:除了绝对零度外,零度其实是人为设定的,于是所谓几倍就毫无意义。

其二:"一架飞机遇到乱流,高度顿时下坠了304.8米。"怎么会出现这样精准得无厘头的数字?原来是飞机师的事件报告里说飞机下坠足有1 000英尺(1英尺=0.304 8米),于是曾经被训导过的小记者很有责任感地帮读者换算成为公制单位,忠实地给出了4位有效数字!

有一个小笑话是这么说的:一位游客参观博物馆,馆内的导览姑娘向他说明:"这件化石是馆里最古老的了,它是两亿零三年前的。"游客疑惑地问她怎么知道这怪异的数字,姑娘说:"我初来这儿工作培训时,他们告诉我那化石有两亿年老,那是三年前的事啦。"

小贴士

地球是什么形状?"就是球形呗!"这答案得99.7分。

为什么是球形?和"球是最完美的几何形状"这种哲学观的关系不大,而和"球是重力势能最低的形状"这物理事实百分之百有关。同理,所有自然星体,只要够大,万有引力大过分子力,给予它们足够的时间,都会内缩成球状。其来有自,绝不是无缘无故的。

还有那0.3分哪去了?原来地球有大约1/300的椭率。近代地球科学史上关于地球椭率的测定大费周章地折腾了好一阵子,直到现代通过人造卫星的轨道变动,才推算得出精确的数字:1/298.257。地球为什么偏"椭圆"?因为它有自转。有自转就有离心力,这就把地球甩"胖"了一点点。地球自转的离心力不大,只及重力的1/300左右,从赤道向两极递减。也因此赤道半径比极半径要长约地球平均半径的1/300,大约21千米。顺便一提,我们现在知道,当初制作米原器所根据的测地结果其实有约负万分之二的相对误差,主要就来自当时对地球椭率测定的误差。

在不吹毛求疵的情况下,上述的理想化椭球就可视为地球的形状。这样一来,地球的半径在不同的定义方法下,所得数值也略有不同。一般取与理想椭球相等体积的球体的半径:6 371千米。

可是,明明地球的地形就是洋、洲、丘、豁等导致凹凸不平呀!为此,"摩登"科学家定义并测量出一个确实有些许凹凸不平(幅度不到200米)、叠加在上述的理想椭球上的重力等势面的形状,叫它

"大地水准面"（也就是海拔起算点的海平面）。这就是地球在学理
上的形状（见图24.2）。

图24.2　地球的形状
左图是从远距离的宇宙飞船拍摄到"满地"时分的美丽地球，一整圈是4万千米
长。至于地球1/300的椭率，以及更不显眼的洋、洲、丘、壑等地形，一概"有看没
有见"。如果硬要体会一下学理上的大地水准面的长相，那让我们把它那微小
的凹凸不平（不包括椭率）放大个1000倍，画如右图。

25. 遥感：老把戏＋新科技

江上之清风，与山间之明月，耳得之而为声，目遇之而成色。取之无禁，用之不竭。是造物者之无尽藏也。

———苏轼《前赤壁赋》

大学课堂里。

老师："翻译称为'遥感'或'遥测'的英文词语是什么？"

"Remote sensing"同学们的回答颇有自信。

老师："有哪些同学曾经参加做过遥感的？"

偌大的班上，两三位同学迟疑地举手。

老师："这么少？不会吧。那么你觉得你们现在在做什么？"

同学们面面相觑，看看其他人都在做什么……

老师："除了那位打瞌睡的以外，其实你们现在就在做遥感。不是吗？"

遥感的目的，单纯地来说就是获取周遭环境里静态或动态的信息。遥感的构成有四要件：第一，产生信息的目标物——在课堂上就是老师生动精彩的讲课内容；第二，传播信息的物理介质——课堂里的光波传景、声波传音；第三，接收信息的仪器——同学的眼和耳；第四，处理并解释信息的中心——同学的大脑。

关键是接收信息的仪器。自然界的天择演化实在神奇，经过亿万年的演化，成功地发展出两款令人叹为观止的精密仪器——眼和耳，让动物能遥感地球环境里无所不在的两种富含信息的波——光波和声波,于是遥感成为动物物种生存的必要条件。此外大自然的杰作还有蛇鼻端的热侦测器、鱼身的感压侧线、候鸟或昆虫的磁感应能力等。

　　人类发明的日常生活或科学中的遥感仪器更多了:收音机、电视机、电话、GPS接收器都是;照相机、红外相机,各式望远镜——光学的、无线电的、红外紫外的、X射线的,还有侦测地体声波的地震仪,测量天光的辐射仪,测量磁场的磁力仪,测量重力场的重力仪等。

　　举个例子:拿普通照相机和红外相机为你的爱犬旺旺拍照。都是遥感,它们有何不同之处?

　　普通相机接收或说遥感到的,是可见光波,这光波并不是旺旺自己发出的,而是户外太阳光或是室内电灯光照射到它身上再被反射到照相机镜头去的。反之,红外相机对可见光波没反应,却遥感到旺旺自己发的"光"。它发什么光?万物都必定会自发黑体辐射的电磁波(见第23篇),普通室温或体温的物体,包括你我它,所发的黑体辐射就在红外光频谱带。敏感的红外相机能够分辨频谱的些微差异,成为夜间遥感的利器,敌踪、野生动物,皆无所遁形,红外相机还可以装设在公共场所,例如飞机场的检疫通道,用来判断行经的旅客有没有发烧。

　　普通相机遥感到了旺旺的形象、颜色、光影,而红外相机遥感到了它的温度分布。综合二者,我们对它的物理性质有了格外的认识。好比交朋友,若有机会在学校、球场、夜市卖场、郊游、平日家居,以及种种不同的场合相处,你自然会较全面地认识该朋友的个性、好恶、优缺点。发挥同样的思路来认识地球,图25.1是一例生动的"科普"。瞎子摸象君莫笑,虽然个别而言都只代表片面的资讯,但拼起来就八九不离十啦。

　　以上这些,都属于被动式的遥感——仪器只是从目标物被动地接收到信息。那么对照而言该有主动式的遥感了?是的,顾名思义,就是仪器接收到的,是仪器自己先主动地发出然后被目标物反射或散射的

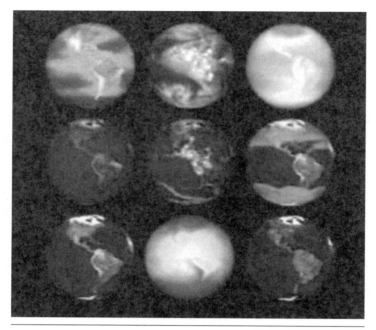

图25.1   九幅"彩色"地球面面观（见图版）
这是NASA将多年来由各式各样的卫星仪器、以各种频谱带拍摄得到的
遥感产品汇集而成的，波段包括微波、各段红外、各色可见光，以及紫外。

回波。这在仪器设备、能源、信息处理各方面当然需要额外的配置。主
动式遥感对系统有了关键性的掌控，得以借此获取更丰富、更实在，甚
至非其不可的信息。

　　有这么棒的方式，大自然绝对不会客气使用。自然界里最经典的
主动遥感，非蝙蝠莫属。蝙蝠在昏暗的夜空里能够恣意飞翔，精准地捕
捉昆虫，全靠它不断发出超声波，接收回波，并即时处理、解释回波所带
的信息。聪明的哺乳类海生动物海豚、鲸也有这主动式遥感绝招，使用
水中声波体认环境、追寻猎物。

　　人类的主动式遥感发明也不遑多让，最伟大的应属雷达。雷达这
名词是音译自它的英文缩写（radar），其既侦察又测距的原理，专利权
应该给蝙蝠，只是将蝙蝠的声波换成了无线电波。从二次大战的军事

用途开始，逐渐扩展到导航、气象监测。装置在飞机或人造卫星上朝向地球，它又摇身一变成了武功高强的地球科学遥感工具。

随着新款式雷达的研发，雷达扩展了更多新用途。近些年来开始使用lidar，进一步将雷达的"雷"（radio）改换成"光"（light），所以lidar应该译为"光达"（一般却称之为激光雷达）。列举几项最丰硕的成果：卫星微波测高仪的全球海平面监测；航天飞机的双雷达全球地形扫描；机载激光雷达的地面、冰面高度测量；卫星合成口径雷达对（地震、火山等）地形变的监测；宇宙飞船激光测高仪对火星地形巨细无遗地测量；宇宙飞船对金星的雷达地形扫描；甚至对考古人类学它也发挥了长才（见本篇【小贴士】）。其他主动式遥感有使用声波的，例如用于侦察的潜艇、探测水深的声呐、监察胎儿的超声波仪；有用X射线的，如医用断层扫描技术。

在这个人们对全球变迁闻之色变的年代，可以这么说：人类对全球变迁的认识，追根究底，几乎都源自近年来的卫星遥感科技。另一方面，遥感必须与不可或缺的现场测量（on-site measurement）相辅相成。例如显示地球大气里二氧化碳含量一直在持续增加的夏威夷现场测量（所谓基林曲线），是在全球变迁论战中最宝贵、最客观的一项数据。

回到我们的课堂。

老师：大家经常会接触到看似遥感的图像，我希望你们能练就判断它们真伪的本领。所谓"真"就是说该幅图像确实曾经在这世界上被人类设法拍摄到，而"伪"则指它其实是艺术者的画作，或是拼装的，或是电脑动画创造出来"以假乱真"的。图25.2有两幅图像，你们能指出它们的真伪吗？

同学们七嘴八舌地议论，兴致勃勃。

老师：左图是一帧有名的真实照片——《蓝色弹珠》，由阿波罗17号航天员摄于1972年（见第45篇），显示褐色大地、蓝色大海，白云

图25.2   两幅遥感图像
左图为真,右图为伪。你能判断吗?

和气旋云系,冰层覆盖着南极洲,此刻太阳在拍摄者的正后方,照耀着"满地"。

右图呢? 显然是假的,因为不论怎样有能耐,谁也不可能拍摄到全地球都是夜晚的景象吧! 再说,我可以担保,任何时刻地球都绝对不可能全球无云的! 此图是NASA汇整了某卫星半年多拍摄的遥感图像而完成的美丽大拼图,呈现了全球现代人类社会活动的信息。

小贴士

许多考古遗址,因时代久远,被湮没、掩埋,已很难甚至不可能从地面辨识了。然而,遥感技术从飞机或卫星高度,利用它无远弗届、大面积观测的特性与能够穿透浅层地表、树林(例如较长波的雷达),甚至"见人所不能见"(例如探测热辐射红外线)的本领,加上对线状图形的敏感性,已成为考古学研究的新利器。

最初的发现,是1982年NASA航天飞机的探地雷达,意外地在撒哈拉沙漠发现了一处古河道,如今浅埋在干燥的表层沙下。1994年航天飞机的合成口径雷达,在宁夏发现一段已被掩埋的隋代长城,位居现存的明代长城之下,引起各方兴趣。

　　之后多种遥感成像技术,都被应用到不同的考古场合,尤其是探测多频段微波和红外线的,包括被动式及主动式。利用这些技术发现的成果有北美原住民在新墨西哥州沙漠里的古道路、中美洲哥斯达黎加四千年前古民的步道系统、中东消失了的古城、柬埔寨丛林里的吴哥文明区、西域的丝路等。一项系统性的遥感考古探索,在中美洲危地马拉的丛林中进行,科学家试图重组1 100年前古玛雅文化突然倾颓的历史因素;这对了解现今全球环境变迁下我们如何永续自处,自有其意义。

26. 尺寸、维度堪讲究: Size Matters

"买柚子挑大的"与"地球有磁场",背后竟然有相通的物理原理！将日常经验里稀松平常的小道理推而广之,去理解大世界里的许多大现象,虽不中,亦不远矣。

你肯定听说过这则人、事、时、地、物都极具戏剧性的科学故事: 17世纪的伟大科学家伽利略,据说曾经从意大利的比萨斜塔上,让一大一小两个物体做自由下落,当众以实验证实: 它们同时着地。也就是说,那个后来在牛顿力学里叫作重力加速度的量,与对象的大小或轻重无关(这实际上就是后来爱因斯坦广义相对论所论述的等价原理的简易版"前身")。

这个实验若是在月球上进行,那是无懈可击。但既然是在地球上,我可以多嘴地保证: 两物体肯定是一先一后落地,虽然相差不会很明显。想象一个大铁球和一个小铁球,大铁球会先着地,归咎于空气的摩擦阻力(你若不信,可找个大水缸,在水里利用水的摩擦阻力做这个实验)。为什么会这样？ 大铁球受到的空气摩擦阻力不是比小铁球大吗？ 再者,两个铁球的形状不是相似吗？

我先拉扯出一些日常小经验,邀你寻思一番。

一朵清香的小茉莉飘到她的发梢,好浪漫！而一朵同样形状的大号木棉花落到头上,会敲得头皮发麻; 蚂蚁跳楼保证摔不死,大象就没这福气; 同是水中动物,大鱼运动来去自如,小鞭毛虫则步履维艰、如处泥淖；泥流入海，粗沙先沉淀、细泥后之；空中的沙尘暴，黄土先下降，粉尘则飘得无远弗届。

用火柴棒或牙签加纸片搭盖一座小玩具屋，用不着担心什么材料力学，你放心，它挺得住。可是想象把你的玩具屋按比例放大，那样的"危房"你敢住吗？更加放大成大厦，它不自行垮掉才怪！

科幻、恐怖电影里，常有按比例放大的巨虫、巨鼠，四处横行、毁屋伤人。其实你真以为那样的怪物可以存在吗？安心啦，它根本直接就把自己压垮啦！同理，《格列佛游记》里的大人国也不可能存在在地球上。有人计算过：那纤腰、四肢细长的芭比娃娃，是个真人大小的话，美不美姑且不论，恐怕连站立着都有困难。

为什么小跳蚤轻易就可以跳个十几倍自己的身高，而长颈鹿办不到？小工蚁扛上几倍体重的重物仍然健步如飞，为什么大蛮牛就休想？

灵活飞翔的小麻雀，尺寸放大个几倍怎么就显得有点不伦不类，一幅"重"有余而"翼"不足、飞不动的模样？鹰、鹤那样的大鸟，翅膀必须大上加大，大到远望之只见着伸展的翅膀。大小蜻蜓、大小飞机、大小直升机的翼的尺寸都必然有这种不是等比缩放的现象。

在买柚子、香蕉、带壳花生时，你是不是直觉地会挑大只的，因为大的比较"划算"？而买金橘你又拣小粒的才满意。可是它们不都是称斤卖的吗？刚买来的滚烫的烤番薯，你是不是先拣较小颗的吃，因为它会凉得快？大盒和小盒的冰淇淋放在桌上，你觉得哪盒会先融化完？融化了的两盒再放回冰箱，哪盒先凝固？露置的小杯水为什么比大桶水先蒸发干？

这些司空见惯的现象背后的物理原因，一以贯之，简而言之就是：物体的体积是尺寸的立方，而面积是尺寸的平方。

原来，在我们这个三维的物理世界里，物体的体积是三维量，是尺寸的立方，而面积是个二维量，是尺寸的平方。于是，尺寸越大的物体，体积与面积的比率（后简称"体面比"）越大。对它而言，由体积主导的现象就会越显著，其重要性越会相对地超越由面积主导的现象。反之亦然。

哪些物理量是直接正比于物体的体积的呢？前文里提到了质量或重量、重力、热含量、含水量等。又有哪些是取决于物体的面积（包括截面积或表面积）的呢？支撑力、摩擦力、流体阻力、空气的浮力、热辐射率、热传导率、蒸发速率都是。

举个实例：若把伶俐的小山羌尺寸放大个10倍，腿的截面积就增大100倍，可是现在却得支撑1 000倍的体重！为了还能行动自如，腿势必额外增粗10倍——简直就像大象了。这时，恒温动物的它，因运动产生了1 000倍的热量，却只有100倍大的皮肤来散热，热坏了怎么办？长出一对特大的耳朵来帮忙散热吧！这下子更像大象了。既然散热效率低了，就不需要不停地啃嚼枝叶进食了，这下子连食量都像大象了。小山羌和大象的差别，只在于因尺寸大小不同而导致的"必然"而已。

所以，虽然前述大铁球的面积比小铁球大，受到的空气阻力也较大，但它的体重大得更多，空气阻力相形反而不重要，因此落得比小铁球快。我猜想伽利略其实肯定知道这一点。

现在，让我们举一反三，把这一贯之道推而广之到地球。

地球那么硬，怎么就乖乖地"就范"成"最低势能、流体平衡"的球形呢？（见第24篇）。原来硬只是相对而言的表象，地球因为太大太重，平方的支撑力不敌立方的重力，以致假以时日必然"一败涂地"，被自己的重量压垮，而且垮到极致，终成了球形。（所以，小说《地心历险记》里的地底深处的空穴、通道，在学理上都是无稽之谈！）其他行星、够大的卫星，也都一律成球形。反之，只有小型的卫星或小游星才会呈凹凸不平的土豆状。这也顺带说明了，为什么地球上山再高、海再深，其实都有个限度，例如地球上最高的山（从海底山基起算）——夏威夷火山岛,仅高10千米。而较小的行星上反倒可以存在更高大的山,例如火星上的奥林匹斯山,高达24千米。

行星(或卫星),在当初累积形成过程中,重力势能都通过相撞成为内部的热能,再加上微量存在的放射性元素的衰变持续产生更多的热,都需要透过表面积来散热。就地球而言,其尺寸(或"体面比")足够大,大到其表面积相对不足以把体内的热有效地发散掉,以至于地球在形成46亿年后的今天,内部仍然灼热。

灼热的内部,造就了"地幔热引擎"带来的大规模而缓慢的对流,呈现在地表的,就是我们熟知的板块运动:海底扩张、大陆漂移、地震带、火山带、山脉、岛弧、海沟等,不在话下。那更里层、更热的外地核,可更加热闹了——熔融状态的导体铁物质,在地球的自转之下,甚至自行产生了磁场!(见第34篇)。

所以,地球活得生气勃勃,归功于它的内热;它的内热,归功于它的保热度;它的保热度,又归功于它足够大的块头。相形之下(见图26.1),小个子的月亮,"体面比"太小,早在不知什么年代就已经"冷

图26.1　地球、火星、月亮,尺寸大不同,哪个最先"冷掉"?

掉""死了"！火星较大些，但还不够大，所以到了今天即使尚未冷却，顶多只剩了个"一息尚存"、毫无"火"气，地质活动已停止，磁场也早已消逝。比地球尺寸只略小一点的金星，其生命力也就不遑多让，可能有活跃的火山活动（只是它自转太慢，产生不了磁场，板块运动好像也阙如）。超大的木星内部肯定更是灼热，而正在努力地靠表面散热呢！因此眼下木星的总散热量竟多过它受到的太阳总辐射的2.7倍！而在地球上，表面热流只及日正当中时太阳辐射的万分之一，每平方米平均不到0.1瓦。

谁说"麻雀虽小，五脏俱全"就足以描述全部实情来着？

27. 费曼大师的小失误

东西一旦转起来，我们的脑子好像也跟着转晕了！守恒的角动量、垂直于力的力矩、旋转坐标里的离心力、科里奥利力，把物理系学生都弄得像在看"雾里戏"，那么大师出些小失误，何足道哉。

理查德·费曼（R. Feynman），是美国土生土长的物理学家，一位20世纪极具传奇性和个人魅力的科学家。他对大自然的好奇、醉心于物理世界的喜乐，以及他的率真、创新，多年来上至公卿下至百姓，大家都津津乐道。他最伟大的是毕生的物理教诲，科学界深受他的感染，以致他在量子电动力学方面的成就，甚至得到的诺贝尔奖（1965年），都显得只是等闲之事。费曼1988年因癌症去世，年仅69岁。2018年5月，引他为傲的加州理工学院特别举办了一场为期两天的费曼百岁冥诞纪念会，充满了温馨的气氛和对年轻人的激励、鼓舞。

费曼生前根据回忆、访谈记录撰写的自传 *Surely You are Joking, Mr. Feynman*（1985，中译书名《别逗了，费曼先生！》），自出版后即名列畅销书，至今从未下架（见图27.1）。书的内容亦庄亦谐，庄处让人一窥这位天才物理学家的心路，谐处道说他的生平剪影和自白，处处引人入胜、发人深省。其中有一节他叙述了这么一段经历：

1945年，二次大战刚结束，年轻的他从战时发展原子弹的"曼哈顿计划"解散复员，初到康奈尔大学任教。当时的文明世界百废待举，妻子于年前因肺结核过世，他一度对生涯感到彷徨、茫然。

图27.1   费曼生前教学的加州理工学院书店里的"费曼专柜"
书架上满满陈列着他历年论述的专著，更多的是旁人或后来人出版的"费曼演义"。

　　这一天他在学校餐厅吃午餐，百般无聊间，见到一位学生正把餐盘旋转抛到空中玩儿。他注意到：那印有康奈尔校徽的花盘子，除了旋转之外，在空中还同时略有摆动。他还注意到盘子旋转得比摆动要快。他开始推算转盘的自由旋转运动，经由繁复的公式，他发现：在摆动幅度不大的情况下，盘子的旋转速率比摆动速率快一倍，有个2：1的关系。

　　永远不甘心安于"标准答案"的他，开始追究更基本的物体质点的运动加速度和动力作用的平衡，成功推导出这2：1的关系。他兴冲冲地把这道理演示给老板贝特教授（H. Bethe, 1967年诺贝尔物理学奖得主），老板不为所动，问他不务正业在做啥？但这番折腾，却重燃了他对物理的热爱。他的灵感自此源源不绝倾泻而出，诸如相对论效应下的电子轨道、电动力学里的狄拉克方程，他通过这一件件发现地重新拾回了"玩"物理的心境与乐趣！他在书中说："就这样，费曼图和那些我日后得到诺贝尔奖的玩意儿，都源自那天一个旋转的餐盘戏耍！"

一则率真、动人的真人真事，实在发人深省。只不过一事有蹊跷：摆动幅度不大时，不受外力的盘子的旋转速率应该是比摆动速率的一半（不是快一倍），比率是$1:2$（不是$2:1$）！

不似费曼那么有冒险精神和创意，我只能根据经典的物理原理——角动量守恒律来推想。解法有多种，其中较容易直观想象而且美妙的方法（也就是一般力学课本里传授的方法），就是套用刚体的旋转方程式——欧拉方程。应用到轴对称刚体（物理里简称陀螺），可以进一步简化为如下的定性叙述：假设该轴对称刚体的三个主惯性矩（或叫主转动惯量）是A、A、C（都是正值），而C（相对于几何对称轴的主惯性矩，见图27.2）不等于A，所以该物绕其几何对称轴的旋转是可以稳定存在的（这一点的理论证明得花点工夫，但很容易通过实物验证）。

在这前提之下，当额外有摆动而其幅度不大时，欧拉方程的解是：摆动速率＝旋转速率$\times (C-A)/A$。关键落在这中间的比值$(C-A)/A$，

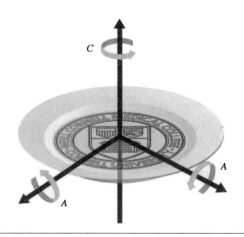

图27.2　轴对称刚体的三个主惯性矩A、A、C及相对应的旋转轴
托住图中的"康奈尔餐盘"（$C=2A$）的质心，就可以仔细观察其自由旋转＋摆动，是否摆动速率两倍于旋转速率？

其数值是介于1和−1之间的（这是因为C是介于0和$2A$之间的），也就是说：摆动速率介于正负旋转速率之间。对于一杆形物，譬如一根圆筷子，C接近0，该比值接近−1。对于一个略扁的球，C比A略大，该比值是正值，但比0大不了多少，摆动速率很慢。这正是旋转中略扁的地球的情况——它那正向、缓慢的摆动就是有名的钱德勒摆动（见第28篇）。而对于一个盘状物——例如费曼看到的餐盘（见图27.2），$C=2A$，该比值是1。

　　还没完。欧拉方程是从随着物体旋转的坐标系统相对来看事情的，好比那个餐盘上一只倒霉的蚂蚁的所见。然而从一旁观者——老远坐着的费曼自己——的惯性坐标观之，那个被抛入空中的旋转餐盘，它的绝对摆动速率其实是上述摆动速率加上坐标系统的旋转速率，于是它的数值介于0和2倍旋转速率。根据前述，杆形物的绝对摆动速率因而是0（也就是说它只会"偏"而并不真"摆"——题外话了）。略扁的球的摆动则略快（或形同略超前）于它的旋转，如同从外层空间细瞧地球那带有钱德勒摆动的旋转。而对于费曼的餐盘呢，摆动速率两倍于旋转速率，也就是说旋转速率对摆动速率的比率是1∶2。得证。

　　那么这是费曼大师的小失误？会不会是他惯有的小小恶作剧，留给我们这些只会说三道四却不晓得动手做实验观察的家伙？我推想应该不至于，而是他书写回忆时一时之不察。这本自传并不是在讲授物理，这项小失误当然也不涉及该则叙事的重点。好比我女儿年幼时，有一次我用餐桌上的水果借机讲"孔融让梨"的故事教育她，兴高采烈地说完之后，她慢悠悠地指着我用为教具的水果纠正说："那个是苹果啦。"不过无论如何我们倒是确定：这一则叙事出现在该书的第157页，而全书有314页；我们都知道，157与314的比率可是1∶2！

　　以上这故事里的故事，那年我投稿给美国物理学会的会刊《今日物理》（*Physics Today*），刊登在1989年2月的以费曼照片为封面的费曼纪念专刊里。

大地组曲

28. 自歌自舞自逍遥：地球的自转

29. 此曲只应地下有：地球的音乐

30. 弄假成真的旁门左道

31. 圣婴圣女：一样顽皮两样情

32. 地震！震级二三事

33. 地震！把地球震歪了？

34. 双场记：A Tale of Two Fields

35. 海平面，你隐藏了多少秘密？

28. 自歌自舞自逍遥：地球的自转

有一次老妈问我："你在NASA做研究，研究些啥啊？"我回答："地球的自转啦。"老妈瞪大眼睛："什么！你们是怕不研究的话地球就不转了吗？"

【渐慢板的乐章】

这天，你到海边消磨时光，见到惊涛拍岸。"无风不起浪"，你马上意识到：海浪的能量来自太阳（辐射）能。可是半天之后，你注意到潮起潮落一个轮回，来去汹涌，规模也不小。

可是，潮汐的能量来源是什么呢？你知道绝对不是太阳能，因为即使太阳不发光发热，潮汐依旧会涨落不息。与这有关的许多问题，过去一定曾多次出现在物理学家的脑海里，而终于了解、并把它阐明得透彻的，是19世纪的天文学家乔治·达尔文（他的父亲就是赫赫有名的进化论奠基人查尔斯·达尔文）。

让我们从北极的上空远处，俯视地月系统，如图28.1。假使地球是一个理想的完全弹性体，那么向着以及背着月球处，就会各有一个潮汐隆起，这是所谓的平衡潮，形状似橄榄球那样［见图28.1（a），至于为什么背对着月球处也会潮汐隆起，而不是潮汐陷落，则是个学习经典天体力学时一定会讲到的老问题了，基本是因为该处的月–地公转离心力最大之故]。

但地球并不是完全弹性体,尤其再加上不听使唤的海洋的流体及其摩擦作用,以致潮汐力造成的变形(尤其海潮)整体如图28.1(b)所示:地球的自转借着摩擦企图把潮汐隆起"带走",月球却不放手,牵扯之下,隆起的形变轴并不似平衡潮那样正对月球,而是稍微超前地-月连线(其平均效果仅相当于两三度的一个小角度,图中将之夸大了)。地面观察者先见月当空,后见潮汐,所以这是个潮汐相角的滞后现象,它对地球造成了一个与自转轴反向的力矩,两处潮汐隆起好似一对刹车片,牵制了地球的自转,迫使地球转慢下来——于是地球在刹车:地球的日长正以一个世纪约两毫秒的速率在增长。

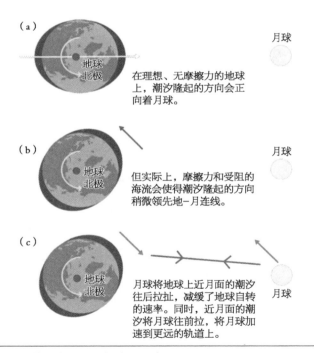

图28.1   从北极的上空远处俯视地月系统

(a)橄榄球状的平衡潮:向着及背着月球处,各有一个潮汐隆起;(b)地球的自转借着摩擦企图把潮汐隆起"带走",牵扯之下,造成潮汐相角的滞后现象;(c)潮汐摩擦的反作用力,增大了月球绕地球的公转轨道,使月球逐渐远离。

月球既然借潮汐力让地球"刹车",其反作用力,也就是两处潮汐隆起对月球的引力,则有一个将月球"牵着走"的合力分量［见图28.1(c)］,结果是增大了月球绕地球的公转轨道。从另一个观点,我们也可以将地月视作一个密闭系统:那么不论它们之间如何牵牵扯扯,其总角动量总是守恒的。地球自转减缓,所减损的角动量自然都归到月球去了。月球角动量的增加,反映到它公转轨道半径的增大——于是月球在以每年大约3.7厘米的平均速率持续地离我们远去(见第42篇)。

进一步,你这么想:地球既然转得慢了,那么一整天下来我实际上并没有转到我"应该"转到的方位,而是稍稍落后了。前述日长的增长在赤道仅合1米!好像微不足道,然而略事推算后,你发现:这落后的差距却是以时间的平方增加的,日积月累之下,竟是十分可观。例如,过去一千年来,累积的差距应已达2 000千米了!这累积的差距不就提供了一项长期日长变化的证据? 可是,怎么"量"它呢?

历史记载留给了我们丰富而有趣的答案。中外古籍中不是屡有某年某处见到日食的记载吗? 今天我们用天体力学,可以推算出当年那一场日食,在日长恒定的假想情况下"应该"发生于何处。把这设想的日食带(最好是细狭的日全食带)和记载中实际看到日(全)食之处相比,两地经度的距离,正是前述的累积差距!

这样的记载相当丰富,包括在公元前的巴比伦和公元后的阿拉伯的古文献中,尤其在中国的古籍中,因为中国历代皇室对天文、历事特别重视,专职的钦天监忠实的天文记载源远流长。美中不足的是,大多数古籍往往语焉不详,因此误差在所难免,也因此某些特别古老、记述特别清楚的事件弥足珍贵。图28.2显示公元前136年,在巴比伦发生的一则日全食案例,当时的人以楔形文字在泥版上详细地记录下来。又如中国的《竹书纪年》有周懿王元年"天再旦于郑"一语,指出日食发生的当日的确切时间(黎明时分),和看见日食的地点(郑国的国都)。

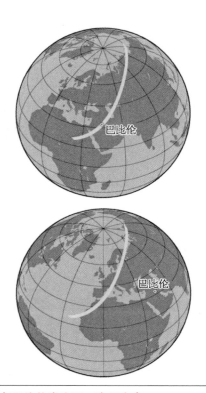

图28.2　公元前136年巴比伦发生了一次日全食

现在回推的日全食带，相较于记载中实际看到日全食处，两地经度为什么相差了上千千米？

　　另外一项令人意想不到的发现，竟来自古生物学。原来生物的生理、行为与其所处环境息息相关，所以古生物化石的研究，每每告诉我们许多古气候、古环境的故事。有几种珊瑚、贝壳及叠层岩藻，在生长过程中，它们的硬壳分泌速率随昼夜、季节的变换而有所不同。所以这些硬壳不但像树干一样长有"年轮"，而且还有细致的"日轮"。那么，只需要在放大镜下仔细数数一个"年轮"中的"日轮"数，我们就可以推断该生物活着的时候，一年有几个昼夜。佐以古化石的放射性同位素年代断定，以4亿年前的这类化石为例（见图28.3），当时一年有大约400个昼夜。由于地球绕日公转一周的所需时间（一年的长度）是近乎不变的, 所以可以结论, 那时候地球自转比现在快约10%。虽然这也只上溯了地球年龄的1/10都不到, 但在定性及定量上, 远古生物化石已为潮汐摩擦导致日长的增长, 提供了一项强有力的证据。

图28.3 一块4亿年前的珊瑚类化石

透过它的生长"年轮"和"日轮", 我们知道当时一年有大约400个昼夜。

回到最先前谈到的伴随着潮汐摩擦的能量问题。既然有摩擦, 就必然有机械能的损耗。事实上, 伴随着地球角动量减小的动能损失, 远超过让月球增加等量角动量所需的动能。这大额的动能差, 全都经由潮汐摩擦力的媒介化作热能了。所以我们先前在海边看到的海潮, 其能量来源竟是地球的转动能! 摩擦作用最剧烈的地方, 正是世界各地的浅海。有名的钱塘潮, 以及潮差高达15米的加拿大芬迪湾, 只是略见一二而已。潮汐发电也就是人为利用这能量的转移过程罢了。

就这样, 正如老生常谈的感叹:"日子愈来愈长、愈难熬了!"

小贴士

地球的自转, 包括其转速和转轴指向, 都不停地做着各式各样、原因各异的微小变动。这变动小则小矣, 倒是必须测量清楚, 否则在今天这摩登时代里的许多精密工作, 比如卫星导航(GPS就是一例)、太空探索、航空、各种军用及民用授时, 等等, 都将会差之毫厘谬以千里。地球科学家则透过观察地球自转的变动, 试图对地球的动力行为和性质更加了解。

地球自转的变动一向是怎么测量的呢?

首先我们要有一个参考坐标系统。最现成的，是由星象标定的背景天幕。传统光学天体测量就是以此为准，靠的是晚上测量星星的移位，来反推我们自己（地球）的转动。这方法在各先进国家都已有百多年的历史，各种光学仪器的精准度也不断地提升、改进。

1980年代后，随着太空科技的发展和成熟，传统光学方法逐渐被新技术所取代。精密的新技术主要包括：人造卫星的激光测距、无线电天文的长基线干涉技术，以及GPS。经过二三十年跳跃式的进步（有号称"太空测地学"的摩尔定律），今天已能达到的精度高得令人咋舌：在地球指向上的测量误差，不到1毫弧秒（1/1 000弧秒，相当于地球表面3厘米的距离）！

自转速率的测量，还少不了精良的计时器。过去人类最棒的计时器其实就是地球的自转本身（例如古代的使用日晷），那么要想知道地球自转的快慢变化，当然得有比地球更棒的计时器。传统的机械钟（例如单摆）力有未逮，但多少能测出些大概。真正精密的转速测量一直到1960年代，铯-133原子钟问世以后才实现。

图28.4是近两百年来所有日长测量数据的总记录。日长相对于我们所谓的"标准日长"86 400秒（相当于图中虚线处）总是上上下下有个几个毫秒（1/1 000秒）之内的变动。正文中提到，日月潮汐的摩擦会减慢地球的自转，这日长渐增的效应可由图中勉强看出，可是多被十多年以上时间尺度的旬年变化所掩盖了。而后者是因为地核里的熔融物质的流动与地函固态物质"摩肩接踵"、交换角动量的结果。

图28.4中1960年代以后的精密数据，则清楚地显示了周年及半年的季节周期性，以及更短促的日长变化，这已被证实是由于全球风场环流的变化和气团的游移造成的。当然，每一年的气候并不雷同，有些特别突出的异常对应到圣婴现象的出现（见第31篇）。

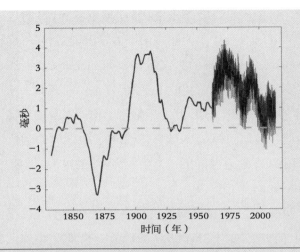

图28.4　人类近两百年来所有日长测量数据的总记录
标准日长86 400秒对应于零值虚线，真正精密的日长测量始于1960年代铯−133
原子钟问世以后；之前的数据精准度较差，仅得年平均值。

另外，你可注意到，前些年来的日长大都略长于标准日长，那么日日累积下来，这就是为什么国际时间局，每隔几年就要通令世界各国的标准钟添加一个闰秒，以免原子钟和地球自转渐行渐远。反之，若日长短于标准日长，日积月累后就须扣掉闰秒了。回过来说，闰秒真有必要吗？渐行渐远那么一点点又怎样？其差别只不过是"现在是7时58秒"和"现在是7时59秒"名义上的差别而已，并不牵涉计时的精准度，真值得劳师动众地去做这种扰民的事吗？国际上的专家们目前正在反复研商呢。

【多姿多彩的旋舞】

古人经过长期的天象观察，早已发现地球自转轴的指向有所谓的岁差现象。原来四时节气（例如春分、秋分，冬至、夏至）年年相对于星相略有推移,短期内也许看不出来,长期累积下来(譬如几百年)就很明显了。直到17世纪,才由牛顿提出了力学上的解释——就是教科书上都会讲到的地球自转轴的天文进动(astronomical precession):日月的万有引力造成的潮汐力,除了引起我们熟悉的海潮和大地形变外,还对地球整体的椭率施以力矩,此力矩垂直于地球本身的自转,其结果就是所谓"地球自转似陀螺",地球自转轴维持着23.5°的倾角,同时在宇宙三维空间中缓缓地逆向画出一个角度为47°的锥形,周期将近26 000年,如图28.5所示。

于是,仰视夜空,坐落在锥形底圈附近所有较明亮的星,在26 000年的周期中都会轮到当"北极星"的任务。例如半个周期(约13 000年)之前或以后是由"对面"的织女星担任。两千多年前孔夫子说,做国君的应该"为政以德;譬如北辰,居其所而众星拱之"。当时人指的

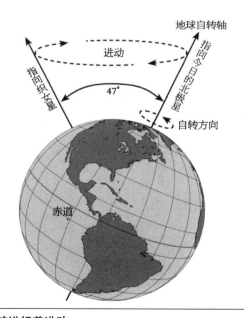

图28.5　地球自转进行着进动
自转轴维持23.5°的倾角,同时在太空中缓缓地逆向画出一个角度47°的锥形,宛如一个打转的陀螺,进动周期将近26 000年。

北辰，是否就是我们今天叫作"北极星"的那一颗星？我对此颇有怀疑，因为在此期间，地球自转轴指向已在天空中划过10°以上了！

让我们更进一步考虑。由于月球的轨道相对于地球的方位，以及月地距离有着各种周期性的细微变化，前述的力矩随之略有变化，进动的轨迹也因而带有复杂的、周期性的小扰动。例如其中最显著的一项18.6年的周期，是由月球绕地球轨道面（所谓的白道面）与黄道面交角（约±5°）的进动所致。这些扰动，叫作天文章动（astronomical nutation）。

天文进动和章动只是在自转轴的指向上有所区别，可并不影响自转速率，也不涉及机械能的转移或消长。用力学术语来说，这是由于力矩垂直于转轴之故。追根究底，这一垂直关系是因为在进动或章动过程中地球几乎是个刚体或顶多像个完全弹性体，而引潮力、离心力、弹性力又都属保守力之故。

如果说天文进动和章动像个缓慢而舞步大的华尔兹旋舞，那么让我们来谈谈地球的另一种快速小摆动的"舞步"——极移（polar motion），竟是地球相对于自己扭摆的"呼啦舞步"，而且不需要外在的力矩！极移很少见诸书本，见诸书本时却又屡屡讹误——大概就是因为它的"古灵精怪"吧。

话说物体的转动，即使在没有外力矩的情况下，也可以是不平稳的。抛飞盘就是一例：技术不灵光者如我，抛出的飞盘除了旋转以外，十有八九还会带有晃来晃去的摆动。飞盘既已脱离了我的手，所以这摆动并没有靠外力来驱动它——它是在角动量守恒的情形下自生的，算是一种自由振荡。这是个经典力学里很有名的问题，早在18世纪就已被数理大师欧拉研究清楚了。广义而言极移就是地球的欧拉摆动。地球人处于自转着的地球上观察极移，就好比一只蚂蚁在那飞盘上晕转见到的现象。

假想你每天都测量一次地球自转轴的指向，并在该轴贯穿地表处

（总在北极点左侧）画上记号。多年后就会连出如图28.6的极移轨迹，
从空中俯视是逆时针，呈渐大、渐小交替的绕圈状，绕一个圈需时一年
多。当然你需要量得非常仔细，因为整个范围幅度只有十多米。

让我们来看看图28.6里藏着的有趣故事：首先，轨迹为什么并
不是绕着北极转的呀（如同欧拉理论所说）？这就得追溯到当初"北
极"点是如何标定的。原来根据国际约定，现在我们所谓的北极，是
1900—1905年期间的极移轨迹中心点。而今天这中心点已相对于这
个北极点漂移了差不多10米了！（情况倒像边打转边行进的台风那
样。）我们可以粗略地这么说：从过去120年的记录看来，"真正"的北
极并不"安分守土"，而是不断地朝着西经80°的方向在"轻移莲步"，
每年约10厘米。轴漂移的原因何在？是因为北美洲及北欧洲大陆地

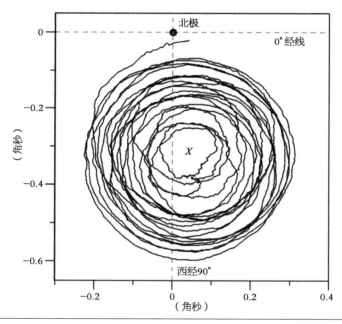

图28.6　从1985年1月1日到2009年4月16日的极移轨迹（想象从北极上空
俯视）
该轨迹呈渐大、渐小交替的逆时针绕圈状。这期间的绕行中心点已相对于百多年前
国际定义的北极点漂移了差不多10米。x轴指向格林尼治（零经度）。

底下物质的所谓"冰河期后反弹",这牵涉到很大规模的质量重新分布,改变了地球的惯性矩,从而推移着地球的自转轴。

至于那打转的摆动本身呢? 打从欧拉的理论研究之后,就不断有人企图从天体测量的记录数据中,寻找地球摆动的证据。根据理论,地球欧拉摆动的固有周期是地球椭率的倒数,也就是大约300天。但多年寻觅,仍旧芳踪杳然。一直到19世纪末,才有了突破——美国天文测量学者钱德勒(S. Chandler),从天体测量的数据中一举发现了两个摆动:一种周期是一年,另一种周期是大约14个月——现今更精确认定是约433天。

既然周年摆动是季节性的,显然是由气候变化带动的物质(主要是大气与海水)质量迁移所引起的,如今已被基本证实了。可是那个被后世称作钱德勒摆动的433天摆动,又是什么? 原来欧拉的300天摆动,是在理论上假定地球是刚体。但是地球不是刚体,顶多只能视为一弹性体,这中间牵涉了一项略复杂的回馈机制,自由摆动的周期因而增长为433天。

还有,为什么极移轨迹是逆时针的? 因为欧拉摆动确实与地球自转是同向的。为什么又有绕圈渐大、渐小的现象? 那是因为年摆动与钱德勒摆动二者叠加的效果——由于二者周期相近,振幅又正巧差不多,叠加起来就有了在力学、声学中常见的"拍"现象。为什么只观测到两个这么相近的周期呢? 难道没有其他周期性的摆动吗(例如半年摆动,或者顺时针方向的年摆动之类)? 这是由于物理学中有名的共振现象,自由钱德勒摆动周期是逆时针433天,只有靠近这个周期的摆动,才较容易被激发;反之,不靠近的周期则被抑制,就算存在,也因而振幅太小而不彰显。

钱德勒摆动的存在以及振幅的维持,表示有什么事物在不断地激发它,否则地球就会像一个摇荡的秋千,终将归于静止。的确,细察图28.6,你马上发现,极移轨迹并不是很平滑的。凹凸、转折处比比皆是,这正是钱德勒摆动被"推"、被激发的痕迹！可是，这无形之手又是谁呢？问题困扰了地球物理学家将近一百年了，近些年才陆续被证实：主要原因仍是大气质量与海洋水质量的环流和迁移，它们略微改变着地球的惯性矩，从而激发钱德勒摆动。至于长久以来一直被怀疑的大地震，以及地核里的物质对流，它们有没有也"插一脚"？目前仍无法判明。

除此之外，地球其实还同时进行着其他快慢、大小不一的"小旋舞"。例如一种相对于太阳黄道面更缓慢的前后倾的"小步舞"——周期41 000年的自转轴倾角变动，是三项米兰科维奇循环之一（见第18篇），其动力来源是其他行星对地球的万有引力。不止于此，地球自转轴还有所谓潮汐准日摆动、地核自由章动等。所有这些全都叠加到一块儿，地球从未停歇过。

地球不愧是个"舞林高手"，它不晕，我们可给转晕了！

29. 此曲只应地下有：地球的音乐

　　　　此曲只应"地下"有，人间那得几回闻！低吟的地球，余音绕梁，邀您来共赏。

　　"音乐"是什么？拨一根弦、打一面鼓、敲一口钟，这些乐器都会因振动（物理术语叫作自由振荡）而发出特定的声音来，我们称那听起来很和谐的声音叫音乐。为什么乐器振动会发出它特定的音乐呢？

　　因为它们的自由振荡是由诸多特定的谐振模式组成的。以最简单的吉他琴弦为例吧：拉张的琴弦的弹性力学性质，给予了它振动的波动方程，外加以所处的边界条件（弦两端是固定死了的），决定了它们的谐振模式，也就是我们常说的驻波。琴弦的谐振模式，理论上有无穷多个，它们的频率成简单的整数比，$1:2:3:\cdots$（也就是波长成 $1:1/2:1/3:\cdots$ 比例关系）。最低频率的模式叫作基音，其他所有较高频率都为悦耳的和音，其频率取决于弦的材料、长度和弦所受张力的大小，譬如短的弦或紧的弦音就高，金属弦和尼龙弦的音也高低不同。

　　当弦被拨动时，这许许多多的模式就群起而舞。至于每一个模式的振幅和相位，则是由拨弦的演奏者所控制，包括拨动时使用的力的大小、急缓、拨动的位置点等。琴弦振动的变化形状，虽然肉眼分辨不出（或者可以用放大、慢动作的录像来细查之），但确是由这所有的模式根据它们自己被激发的振幅和相位相加而成的（这是所谓的波叠加原理，是线性波动必然具备的特性）。至于我们听到的音乐，则是这整体振动进一步强迫周遭的空气做相应的振动,最后以声波的形式传到我们耳里的。这过程中每一个模式振动的能量部分以声波散走,部分化为摩擦热,于是振动逐渐减弱,终至停止。

　　琴弦之所以简单而易于了解,是因为它是一维的,也因此我们只需要一组数字(1, 2, 3, …)就足以表示它的谐振模式。二维的鼓面,三维的钟,在数学处理上就繁杂得多,而且这些模式的频率也不再成简单整数比关系了。可是无论如何,所有乐器的基本物理原理是相同的。

　　现在让我们一访那个独一无二的另类乐器——悬浮在宇宙中的地球(见图29.1)。

图29.1　地球——一个悬浮在宇宙中的三维乐器(赵丰手绘,见图版)
它会发出什么样的音乐?怎么"敲响"它?怎么"收听"它?又怎么"听清楚"它呢?听清楚了又如何呢?

　　地球这款三维的乐器,可真特别。首先,它很大,大到它的音乐频率远低于可被人耳听到的范围,大到除了弹性力以外,重力也成了一个重要考虑因素了。其次,它是个不均匀体。若你认定地球是个球对称的球体,其实也八九不离十。但即使如此,地球内部的所有物理性质,毕竟仍是随着半径改变的,而且有几个显著的不连续分层面,例如地核-地幔界面、内核-外核界面。

　　要完整地描述地球这个乐器的物理,靠的是由一组四个联立方程式合成的波动方程式:1)牛顿力学第二定律(所谓的$F=ma$),也就是动量方程；2）物质的胡克弹性定律；3）牛顿万有引力定律，或泊松方程式；4）质量守恒定律或称为连续方程式。有了这些物理原理，外加地球表面及上述界面上的所谓边界条件，再备有地球模型的物理参数，就算是一切齐备了，可以用数值方式解出所有的谐振模式，包括其函数本身及频率。

然而说来容易做时难。回溯理论的发展：19世纪的大数学家、理论物理学家中，很多人都在"地球的音乐"这个问题上下过工夫。弹性力学之父法国的泊松在1829年首先奠定了理论基础，随后研究此问题的还有英国的开尔文爵士、乔治·达尔文、兰姆（H. Lamb）等，20世纪初洛夫（A.E.H. Love）集其大成。由于当时人们对地球内部所知有限，他们不得不假设一个平均、均匀的地球来做推算。

20世纪以来，传统地震学得到长足的发展，地震波被用为探索地球内部"五脏六腑"结构的工具，被誉为"地球的X射线"。据此，古滕贝格（B. Gutenberg）、里克特（C. Richter）、杰弗里斯（H. Jeffreys）、布仑（K. Bullen）等人通过努力，得到了球对称的层状地球模型。有赖电脑的计算，终于，第一批现代版、更准确的地球谐振模式的频率（周期），在1958年诞生于以色列的魏兹曼科学研究所。

三维的地球，谐振模式就需要三组数字才得以完全表示，习惯上用 n、l、m：分别表示谐振模式对半径、纬度、经度的函数变化，正如在量子力学里表示原子状态的量子数一样。假使地球真是个球对称的球体，那么其自由振荡的谐振模式可归纳为两类：一种叫作球式（spheroidal mode），这种振动有半径方向的垂直分量，重力也随之变化；另一种叫作旋式（toroidal mode），只带有垂直于半径的水平分量，体积没有变化，对重力也没有影响。各个模式的驻波振动幅度，其空间分布是随着半径（或深度）而不同的（就是所谓的模式函数的本身）。而 n、l 相同，但 m 不同的模式（共有 $2l+1$ 个，$m=0$，±1，±2，$\cdots$，$\pm l$）就都会有相同的周期——这现象就是由对称性导致的所谓波谱的简并。

于是我们可以把球式、旋式分别记做S_{nl}和T_{nl}。几个最低阶、最简单的谐振模式如图29.2所示。例如S_{00}是整个地球像个圆气球，做呼吸一样的涨缩；S_{02}像是橄榄球状的长扁交替；T_{02}像两个半球相互扭转；S_{01}相当于整个地球质心线速度的改变；T_{01}相当于地球自转角速度的改变，它俩是不会由地震产生的，因为地震是一种地球自发的内力，遵循着（也就是受制于）线动量和角动量的守恒。

在古典的音乐波的传播理论中，行波和驻波其实是一体的两面。传统的地震学一向把地震波以行波来对待，这方法在理解及处理所谓普通地震波频率（周期短于数秒）及近距离的地震时是适当的；但当扩及低频（周期长过数分钟）或长波（波长超过数百、数千千米）范围时，思维就得扩展到视地球为一个三维整体的乐器，此时用驻波（也就是本文的自由振荡谐振模式）表示法就大大的方便而且有效了。

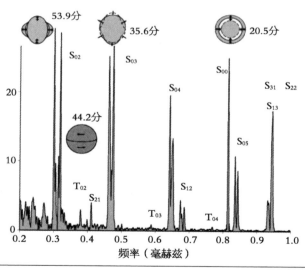

图29.2　澳大利亚堪培拉台站记录的日本2011年大地震是利用傅里叶分析得到的地球自由振荡"音谱"的一实际例子
谱中每一个尖峰代表一个谐振模式，有其特定的周期。几个最低阶、最简单的谐振模式以图形示意。球对称下简并成同一频率的模式，在实际"音谱"里其实是分裂为多个频率，例如图中的S_{02}模式。

　　将行波和驻波二者相对应，可以认识到自由振荡模式的球式和旋式振动与传统地震学里的P波（固体里的纵波声波）及S波（固体里的横波声波）之间的关联。又如振动能量较集中在上地幔表层的模式和表面波有密切的关系：许多球式振动可视为两道瑞利波（一种固体表面波）以相反方向绕行地球所加成的驻波；而许多旋式振动则是由双向洛夫波（另一种固体表面波）加成的驻波；又有一些振动模式是相当于沿界面（例如地核-地幔界面）行进的斯通莱波等等，不胜枚举。

　　不论是什么乐器，自由振荡发出的声音总是会逐渐减弱的，地球当然不会例外。物理及工程应用上常用所谓的品质因数Q值来描述振动的衰减程度：2Q＝频率/衰减率。一个振动在经过Q个周期后，它的能量就会减弱到原来的1/e倍。Q值越高的振动越可以"余音绕梁"。地球谐振模式的Q值一般在一两百以上不等，也有高达上千的。这个能量衰减当然是因为物质不可能是完全弹性体，所以振动的机械能总是逐渐通过摩擦转变成为热。

　　既然地球这么大，要想"敲响"它真是谈何容易。能够"敲响"地球，让它进行自由振荡的事件，有地震、火山爆发、地下核爆炸、大陨石撞击等，其中地震相对比较常见。然而，地震再强，除了在震中附近及地震当时能被感觉到以外，它在广大的地球无论表面或内部，造成的振荡其实小之又小，其加速度顶多不过数微米/秒^2。我们要怎样实际来"收听"地球的"音乐"呢？

　　传统的地震仪在设计上注重高频、短波，而对低频的谐振模式一向是"有听没有到"，地球的音乐真是曲"低"和寡，知音难求。根据较早的洛夫的计算，地球最长周期的一个谐振模式是S_{02}，周期约1小时（现已知在54分钟左右，相当于中音C下降19个八度！）。美国加州理工学院的贝尼奥夫（H. Benioff），在1950年着手建立了一座灵敏的应变仪。1952年底，堪察加半岛大地震之后，他宣称记录到周期约57分钟的振动。直到1960年，这是唯一（而且之后一直存疑）的一项报道。

　　1960年5月22日南美智利的大地震，是人类史上记录到的最强烈的地震（震级9.5）。它毫无疑问地激发了可以测量到的长周期地球谐振模式。于是当年年底在瑞典赫尔辛基举行的国际地球物理年会上，一连串好戏登场。在场的布仑在书中描述：加州理工学院的普雷斯（F. Press）宣称：贝尼奥夫的应变仪再度观测到长周期的地球振动。加州大学洛杉矶分校的斯利克特（L. Slichter）也同时宣称记录到类似的长周期波动，他测到的地震波是由潮汐重力仪所记录的。两方比对之下，许多周期十分吻合，尤其是周期54分钟、35.5分钟、25.8分钟、20分钟、13.5分钟、11.8分钟和8.4分钟的振动，可是贝尼奥夫观测到的某些周期斯利克特却没有观测到。以色列魏兹曼学院的佩克里斯（C. Pekeris）当时也在场，他将这情况仔细分析，随后宣称：后者那些周期都属旋式所有，而斯利克特的重力仪是只能记录到球式振荡的。各项证据如此强而有力，至此疑团全消，地球的长周期振荡千真万确。好戏还没完——会议结束前，来自贝尔电话实验室、拉蒙特–多尔蒂地球观测所、加州理工学院的3个小组也相继宣布记录到同样的长周期振荡。各家都及时准备了报告赶到赫尔辛基，所有的观测结果都相吻合，这些发现也都于次年发表在期刊里。

　　至此尘埃落定，地球"低吟"的"音乐"美妙无比，系统性"收听"的工作逐渐在世界各地展开，设置了整合性的宽频及长周期地震网，加上精密的超导重力仪网和一些独立的测量仪组，如应变仪、倾斜仪。今天对于6级以上的地震（每年可达上千起）造成的长周期自由振荡地震波都可以详加分析了。被确认的谐振模式个数上千，其中球式约占2/3，旋式约占1/3。

　　包含在地震仪记录里的一大堆的谐振模式，是怎么一个个分析出来的呢？答案当然是谱分析上的当红"法门"——傅里叶分析。把地震记录在电脑上做傅里叶变换就得到了地球的"音谱"，如图29.2，谱中每一个尖峰代表一个谐振模式，其对应的特定周期就代表其音阶，尖峰的高矮则代表该模式在该次地震被振动的强弱。

　　1960年的智利大地震资料，经过仔细的傅里叶分析后，又出现了一桩出人意表的结果：最低频的一些模式往往在"音谱"上出现不止一个尖峰，而是挤在一块儿的好几个尖峰。图29.2里的S_{02}是一个例子。怎么回事？这就归咎到真正的地球并不全然是球对称的，而有一些不可忽略的微扰，包括了地球的自转、地球的形状实际上有一点偏椭圆，以及地球内部横向不均匀性。这些微扰破坏了球对称，使得理论上简并成同一频率的模式分裂，成为$2l+1$个频率略微不相同的模式，低频模式分裂的程度尤其显著（你可以做如下的简单实验来证实自转造成"音谱"的分裂：拿一个圆锅盖，用细绳从中心悬吊起来，敲它一下，"叮～"。现在，快速地旋转锅盖，再敲它，听听看声音有什么不同？你应该可以听到渐强、渐弱交替的由"拍"引起的效果——"拍"就是由两个强度相当、而频率稍有差别的声音合成的）。

　　对称性导致自由振荡"音谱"频率的简并，而对称性被打破时"音谱"频率分裂，这都与量子力学里的能级、光谱的简并和分裂的精细结构相似。例如地球由于自转造成的"音谱"分裂与原子在磁场里的光谱分裂——塞曼效应相似；而由于椭球形状造成的"音谱"分裂与轴对称的分子光谱或电场里的光谱分裂——斯塔克效应——亦是相似。这些大小世界里完全无关的物理现象，有着相同的对称结构，可以用数学群论来阐明。

　　科学究竟不比艺术欣赏，在对地球的"天籁"（也许该说是"地"籁吧）赞叹了一番之后，我们不禁要问："听来听去，所为何来？"

　　打个比方：那天，你在厨房里寻得一个罐头，标签纸不在了，只剩光裸裸的铁皮。里面是什么呢，是不是你最爱的糖水荔枝？你开始发挥创意来试猜：在手中一掂便知，既不是空心罐头也不是实心铁块。晃动一下，有液体感，不是干货；在桌面上滚一滚，或抛在空中看它摆动，都有成块固体在内的迹象。聪明的你想出其他物理方法，例如轻轻敲击以测量它的传音性,测量比重、导热率、电磁性,等等,最后你推断:没错,是某种水果罐头。但这会儿你手边没有开罐刀,一时仍无法证实。

这番折腾,看似寻常,却和科学家用所谓的反演理论方法,试猜地球内部结构的过程大同小异。以"地球音乐学"而言,所有观测到的谐振模式的周期和衰减率,以及"音谱"频率的分裂程度,都是谜面,而地球内部结构的物理性质则是谜底。谜面越多、越不笼统,就越能够猜到接近正确的谜底。当然谜面的数目总是有限的,但要猜的谜底却是三维的场函数,是有无限多种可能的,所以理论上我们无法唯一地反演出这个谜底。尽管如此,这些谜面里包含的宝贵资讯,足以用来修正、优化前述传统地震学得到的地球内部模型。一言以蔽之,就是"听其言而辨其行":听懂了地球的"音乐",我们得以更加了解地球这个"乐器"。

更进一步,我们可以利用反演以了解音乐的演奏者。好比给你听一段大提琴演奏曲,请你试猜演奏者的训练、功力、门派,甚至演奏当时的心情。以地球的"音乐"而言,这相当于要求你从地震仪记录到的所有谐振模式的振幅和相位,反演得到该地震的断层震源机制,以及在空间上的分布和时间上的破裂过程等。

深锁着的地球内部,不断地在地震仪上写下它的"乐章",那些其貌不扬的地震波记录,正是解开那锁的钥匙!

30. 弄假成真的旁门左道

怎么说它呢? 这家伙专擅弄假成真,行径惯走旁门左道,却竟是左右我们气候的幕后操盘手。

朋友见面嘘寒问暖,总扯些天气。那是谁都可以评论的,由"老天爷"决定的事儿。"老天爷"是谁?

太阳只负责提供光照能源,热闹的天气系统自有真正的缔造者。首先是地球的自转,把阳光带进来的能量调匀,加上地球自转赤道面与公转黄道面间23.5°的倾角,成就了有纬度差别的四季。光是这样形容显然还太小觑了那形形色色、变幻多端的气候。即使纬度相同的各地,也有的湿暖、有的干爽,还有的冷坏人,显然与地理、地形,以及海陆的分布脱不了关系。在这些条件之下,更根本的问题是:为什么大气里的风场、气压场是这样,海里的洋流是那样? 这些决定气候的因素,幕后的操盘手是谁?

科里奥利力(Coriolis force)登场。

科里奥利力是在旋转着的(非惯性)坐标系统里会出现的"假力",作用在运动中的物体上。假虽假,对生活在一个旋转坐标——地球上的你我而言,"弄假成真"的科里奥利力却再真实不过! 它的作用在日常生活里微不足道,但是让我们把尺度扩大到几百、几千千米以上,聚焦在地球的大流体——大气和海洋的运动上,出人意料、令人惊叹的事就一件件发生了。

一般流体"随器成形"，大气和海洋这两款大型流体还外加"随力成行"。最伟大的力当然就是重力和由它衍生出来的浮力，但它们只控制垂直方向（所谓流体静态平衡）的状态和运动，那么我们更感兴趣的，那决定天气的大尺度、水平方向的运动主要听令于谁呢？

除了摩擦力、惯性加速度等次要角色外，主要的力有二：一者是源自气压差的气压梯度力，另一个就是科里奥利力啦。两种力各有其规律，大气、海洋的运动，也就是我们平常说的环流，就在它们相互拉扯之下成"行"。这拉扯之间达成的妥协关系，术语叫作地转平衡（geostrophic balance），是经由19、20世纪多位气象物理大师予以阐明的，意思是气压梯度力与该环流运动产生的科里奥利力相等而反向，两者相消。"有你就有我"，一旦达到平衡，该运动状态就会成为持久不懈的一款常态。

地球上在北（南）半球，水平运动中的物体（例如风场、洋流）会感受到由左（右）方推来的科里奥利力，纬度越高效果越强（见本篇【小贴士】）。低纬度接受的阳光热能强过高纬度，造成的热对流，直觉上理应是南北方向循环，为什么地球的大气环流却主要是东西方向、呈纬度带的风场，而且南北两半球相对于赤道呈镜像对称（见图30.1）？没错，就是"旁门左道"科里奥利力的杰作。旋转中的木星、土星的气流场更是清楚的纬度带状。

更戏剧性的例子是我们熟悉的台风。注意到没，每年来报到的台风，在卫星云图里一律呈逆时针方向绕转（见图30.2）。台风始自一地区性的低气压，低气压一旦形成，周围的空气理当直接补进去，立时救平，并不会产生麻烦的台风。可是对不起，在旋转的地球的北半球，低气压周围空气打算流进低气压中心时，会受到来自左方的推力而持续偏转，绕着气压中心逆时针打转，对目标"可望而不可即"，风向并不垂直于等气压线，反而是沿着等气压线！好比你想直直下山，山路却老是横向沿等高线盘旋。这时科里奥利力是径向朝外，与朝内的气压梯度

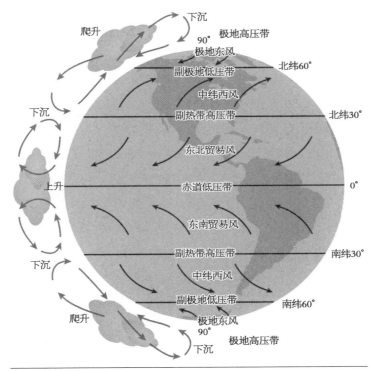

图30.1　地球的大气环流简图
科里奥利力造成主要是东西向、呈纬度带的风场,南北半球呈镜像对称。

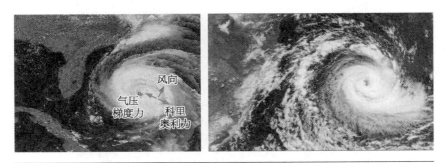

图30.2　低气压周围的气旋——台风——是地转平衡的完美体现
你能辨认两幅图是北半球的台风还是南半球的台风吗?

力达成地转平衡；这就是绕转不懈的台风了。

把上段中的北换成南、左换成右、逆时针换成顺时针，我们就得到了南半球的台风成因（见图30.2）。在中间的赤道带呢？当然是既不左也不右——水平的科里奥利力压根儿就为零，这就是为什么赤道带没有台风（见图22.1）。

台风在海面上不但可以"活"很久，而且甚至会接收海气的潜热能量的加持而更壮大，但终将登陆而在摩擦力之下走向消亡。摩擦作用不大的情况时，倒有个活生生的例子：伽利略在望远镜里见到的木星表面的大红斑，三百多年后的今天仍然旺盛如故（见图30.3）。它是个特大（大得可以丢好几个地球进去）的台风吗？刚好相反——它在木星的南半球、却是逆时针的，说明了它是个高气压中心！

大洋表面的洋流是科里奥利力又一"力作"。

洋流也呈南北的镜像对称，在北大洋（不论是太平洋或是大西洋）做顺时针一大圈的循环，在南大洋（还加入了印度洋）则逆时针（见图

图30.3　木星南半球表面、逆时针绕转的大红斑说明它是个高气压中心（旁边的地球图像作为大小比对）

30.4)，这表示南北洋在各自中心区域存在着高水压（如同前述的木星大红斑的情况）。这高水压打哪来的？以北半球为例，中纬度西风带和低纬度东风带（见图30.1）各自把洋面的水拥向右侧（而不是"顺风推水"），也就是北大洋的中心区——这是所谓埃克曼漂流的结果，而后者也是科里奥利力的体现。南半球的埃克曼漂流则是把水涌向左侧，结果不论北或南，大洋中心区都呈高水压，于是听命于地转平衡的外围的水，就绕成我们见到的洋流了。

地球上实际的洋流有一个非常有趣的现象：不论北半球或南半球，洋流的靠西股，也就是先前在赤道带打了转的暖水流，会特别集中，因而也特别强劲，大致沿着大陆东侧的几百米等深线推进，而东股的洋流则相对散漫得多。

赫赫有名的例子，有北太平洋西沿的黑潮，从台湾岛东部外海擦身北进。还有北大西洋西沿的墨西哥湾流——高纬度的欧洲之所以适合人类居住、能够发展得高度文明，全拜墨西哥湾流万里送来的温暖所

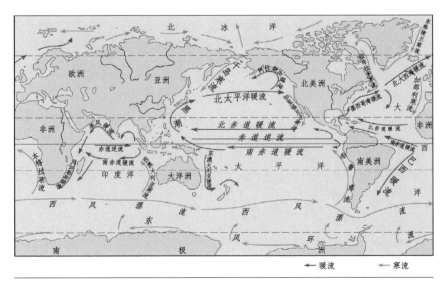

图30.4　地球的洋流也是地转平衡的结果
包括大洋西沿的强劲的暖流——黑潮及墨西哥湾流。

赐。这东、西不对称的现象一直让海洋学家百思不得其解，但应该与科里奥利力的大小随纬度而不同，以及水流的能量耗散有关。另外一个更为强大的环南极洲洋流，是唯一得以不受陆洲阻隔、自西向东环绕世界一整圈的洋流，它当然也处在地转平衡的全面掌控之下。

　　原来，地转平衡就是左右我们的气候的"老天爷"。

小贴士

　　　　19世纪的法国数理学家科里奥利（G. Coriolis），在处理炮弹轨迹问题时，注意到需要加上一项来自侧向的假力，才能适当地描述在旋转中的地球上的力学运动，后世称此力为科里奥利力。

　　　　让我们看看在旋转着的（非惯性）坐标系统里，"立场不同、各自表述"下会发生什么怪事。放一只蚂蚁在旋转的转盘上，它必须牢抓盘面，否则当然马上沿切线方向被甩离。但对蚂蚁而言，它感受到有个力要把它沿着径向甩往盘缘，就像你坐云霄飞车时感觉到的。这是有名的离心力，假力一号。

　　　　假力二号：科里奥利力。想象好动的蚂蚁这时想往转盘中心爬去，显然它的切线速度对内圈而言是过快了。如果转盘是逆时针方向转，那么对蚂蚁而言，相当于有一个来自左边的力强迫它向右偏。其实，无论蚂蚁是沿径向往外，或者是沿任何方向爬，该推力都来自左边；若转盘是顺时针方向，则是右方来力。在三维的旋转世界里，根据古典力学：科里奥利力等于物体的速度与旋转角速度的叉积（用右手定则）的2倍，并与这二者垂直（垂直于速度的施力所做的功是零，不改变物体的动能——没错，否则假力导致真能量，就出现物理矛盾啦）。以北半球为例，物体水平运动时感受到的水平科里奥利力由左方推来，南半球则反之。

　　本文所述的地转平衡是空间尺度很大才会显现的现象。科里奥利力的作用在一般日常生活情况里微不足道，绝对不是决定因素。例如：北半球的河流右岸侵蚀得较厉害？汽车右轮胎磨损较严重？澡缸放水、龙卷风总是逆时针的？这些有趣问题的答案都是"似是而非"，其实科里奥利力在其中起到的作用很小。精密的傅科摆倒曾是史上有名的科里奥利力作用下的演示（见第15篇）。

31. 圣婴圣女：一样顽皮两样情

这一对家世不详、秉性相近的顽皮小兄妹，毫无预警地轮番上阵，东西摆荡；来由它，去由它，料不着，管不住。

这几年来，任何有关天气的消息，一律被记者顺口冠上一句来路不明的话："由于全球暖化……" 若干年前，在全球暖化还没沦为开场白以前，常听到的往往是 "由于今年的厄尔尼诺现象……"

厄尔尼诺现象——某种大规模的气候异常，人人都听说过，可是十有八九道不出个所以然来。

首先：为什么有这么奇特的名称？话说一百多年前，南美洲西侧，太平洋赤道带沿岸的居民就已注意到：每年在圣诞节前后近海会出现暖流，但隔个三到七年不等，海水会突然变得超暖（增加 $1 \sim 3 \, ^\circ C$），历时一年左右，期间海里鱼获大减，同时当地霪雨连连。这异常的气候现象被不明所以的当地居民，以 "El Nino" 绰号之，是西班牙文 "那个男孩"之意，代指男婴耶稣的诞生，沿用下来成为国际的正式通称。这名词很难翻译得恰当，使用音译就成了 "厄尔尼诺"，既绕口又无聊，倒不如意译为 "圣婴" 现象，既点出了它的历史文化含义，更带些浪漫。这是大海里的事。

也差不多同一时期，1904 年英国科学家沃克（G. Walker）上任英属印度气象署主任。他研究亚洲的季风，发现横跨两万千米的太平洋热带区，其气压、温度、雨量等气候观测量，虽然在时间上并没有周期性的

规律,但东西两半却总是"你高我低、我高你低"地来回摆荡,像跷跷板
一样的行为。他称这现象叫南方涛动(southern oscillation),从而提出
在该区带的东西大环流概念(见图31.1),后人称之为沃克环流。这是
大气里的事儿。

　　时间快转到1960年代。凭着气象数据的迅速增加,挪威气象学家
比耶克内斯(J. Bjerknes)意识到:上述大海里、大气里的两件事儿息息
相关,实际上是一体的两面。南方涛动正常时期沃克环流强劲,海面的
贸易风(东风)也就强,海水被吹得稍微有些西高东低,表面的温水层
也是西厚东薄(见图31.1),东边靠南美有深层冷水涌升流进入,富含营
养盐,在该处造就了世界数一数二的大渔场。

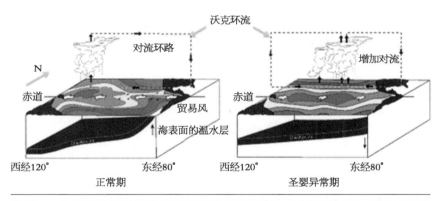

图31.1　太平洋热带的气候正常期和圣婴异常期的大气沃克环流、贸易(东)风
和海表面的温水层(西厚东薄)的相异变动[引自美国国家海洋和大气管理局
(NOAA),见图版]
海面色调代表水温度。

　　可是不知什么原因,每隔三到七年不等,不定期地会发生沃克环流
疲软、贸易风减弱的情况,东半部海水增温、不再有涌升流,渔场也跟着
消失,雨量则大增——所以前述南美洲太平洋附件居民所见所历只是
冰山一角而已。同时西半部则海水降温、形成干旱(见图31.2)。整个
海、气的异常时期历时短则大半年,长则一年多才结束。

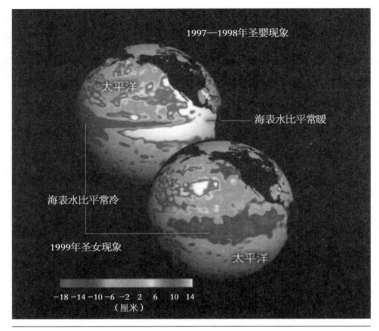

1997—1998年圣婴现象

太平洋

海表水比平常暖

海表水比平常冷

1999年圣女现象

太平洋

−18 −14 −10 −6 −2 2 6 10 14
（厘米）

图31.2   卫星遥感（海平面高度）显示海表水的冷暖异常分布（见图版）
左上是1997—1998年圣婴现象极盛期；右下为后续的1999年圣女现象
极盛期。

　　这就是圣婴现象啦。也不知海、气两者在整个过程中谁扮演的角色
是"鸡"谁是"蛋"、是"鸡生蛋"还是"蛋生鸡"，只知两者"相生"的正回
馈阶段是圣婴的产生、壮大期，继之两者"相克"的负回馈阶段是圣婴减
弱、消亡期。圣婴现象连动的气候影响范围，超越热带到达亚热带，直接
影响华南，甚至温带，还往往直捣印度洋，涵盖几乎半个地球！

　　1982—1983年的那一场圣婴现象，在当年是史上最强烈、最严重
的一次，它惊醒了人类，"圣婴"这名词也随即进入了寻常百姓家。另
一场特强的圣婴现象发生在1997—1998年，其严重度不遑多让。

　　在无预警之下，每次圣婴现象都大面积地重创农业、渔业、林业和
牧业，导致大规模的自然灾害（这头涝那头旱、森林大火等），全球的经
济冲击和损失大到天文数字。生物圈里鱼、鸟等动物的生态遭到破坏，

珊瑚礁大面积白化死亡，令人触目惊心；甚至在人类族群曾引发疫病，包括疟疾、霍乱、登革热等。不禁让人推想，世界史里的事件和进程，例如饥馑、疫病、战争等，会不会（至少一部分）曾经和圣婴现象的发生有关联？

还没完。南方涛动从圣婴期恢复正常的过程中，往往竟会"冲过头"！于是所有前述气候现象倒转，呈现另一极端的气候异常，造成相应的灾害和破坏，又得熬个大半年到一年多才能平息。科学界无以名之，原拟直接叫它反圣婴（Anti-El Nino），但似乎不妥（岂不是反耶稣吗？），最后在西班牙文"El Viejo"（老阿伯）和"La Nina"（女孩）中选择了后者，本文里也就喻之为"圣女"。近年的特强圣女现象，发生于1989年、2010年和2011年。

圣婴或圣女的出现，一无规律二无预警。人类可说是才刚认识到这对顽皮的小兄妹的存在，距离熟识还长路迢迢。问题在于它们太顽皮——是一个大型的非线性复杂系统，而我们又太驽钝——电脑不够强大、对其物理机制了解不足，加上科学观测时间还短、数据欠缺。诚然，如今人造卫星在天上遥感，各式仪器在海里实测，大型电脑在实验室里夜以继日地计算，科学家们孜孜不倦立意将小兄妹的家世、底细摸清楚。今天已能做到的是：它们一旦形成，我们基本可以全程监视、即时掌握动态（见图31.2）。但反过来需要引以为戒、自我惕励的是：我们毕竟对那个最关键的问题"圣婴或圣女最先究竟是如何引发的？"还无法回答，更遑论预测、预防了。

同样的，对于更重要的大哉问，今天的科学界亦苦无头绪：全球气候变迁之下，今后圣婴和圣女现象的发生会因而改变吗？是会更频繁还是变少？变强还是变弱？发生的时段、地区会不会挪移？圣婴、圣女现象反过来会怎样影响全球气候变迁的演化？如何影响台风的生成和路径？全球增温更严重时又会如何？太多的未知，急迫地等待着我们的探索！

迩来科学界采用圣婴-南方涛动（El Nino-Southern Oscillation）的英文字头，创出一个正式统一的科学新名词"ENSO"，希望从历史窠臼中脱胎换骨、独立出新的思维来。这新名词如何中译，尚待高明人士。整体而言，ENSO就是那个存在于整个太平洋热带的年际气候系统，在大气里呈现的是南方涛动，在大海里呈现的是时而圣婴、时而圣女的时空摆荡。秉此，ENSO已并不刻意强调、区分何为正常、何为异常了。（不是吗？整个系统都是自然的、"正常"的呀！）

ENSO的强弱可用ENSO指数来代表。ENSO指数由气压、温度、风场等科学数据综合推算得出（取代过去简易的南方涛动指数）；其正值反映圣婴现象，负值反映圣女现象（见图31.3）。

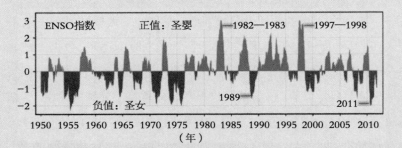

图31.3　一览多年来的ENSO的变动情形
正（负）值反映圣婴（圣女）现象的期间，短横线指出文中所提近年来最强烈的场次。

ENSO可说对地球气候影响仅次于季节的第二号"幕后黑手"，还似乎与大面积而缓慢的太平洋十年际振荡（Pacific Decadal Oscillation），以及最近受到重视的北极振荡（Arctic Oscillation）有些牵扯。本文所述是它直接的呈现结果，而它也间接地引起许多相关的有趣现象。例如一场圣婴现象所在范围内的增温（估计相当于几十万颗超大型氢弹的能量），反映到全球平均温度的暂时性增加，连带导致全球平均海平面因海水热膨胀而暂时上升；而圣女现象期间全球平均海平面则些微下降。这些ENSO造成的扰动信号，都是叠加在人为上升和常规的季节性变化之上。圣婴现象引起的气候异常也影响陆地、海洋的植物光合作用量及海气交换，从而让二氧化碳在大气中的含量暂时降低；圣女现象期间反之。又如ENSO产生的大规模的风场变化，使大气的总角动量略变，也就反映在日长的变化上（见第28篇）——圣婴现象最强的日子，每天会增长约0.5～1毫秒；圣女现象期间则反之。

32. 地震！震级二三事

> 一次次的天灾，一再警醒世人：自然现象需要了解。知己知彼，"人定"才偶有可能"胜天"。

地震！

地震的肇因、触发，震波类型、传播，它的致灾、预报、防范等，都是科学界积极研究的范畴，不在话下。而针对地震本身的所谓震源参数，则包括了时间、地点、深度、断层方向、破裂角度、破裂过程等，当然还有它的大小。显然，这天灾里最关键的因素是地震之大；那么，地震的大小到底是什么意思？

我们身边有许多事物的数值范围是相当广的，例如东西的尺寸，可以小至沙尘、原子，大至地球、星系；时间的相隔，短可以如电光石火、白驹过隙，长可以到地老天荒、海枯石烂。若要以一个包罗悬殊范围的坐标谱来描述这样的物理量，我们很自然地会先将该物理量取以 10 为底的对数，用该对数值（也就是 10 的指数，例如 10^6 就用 6，见本篇【小贴士】）表示坐标，否则一定抓狂。只要细瞧书里面画的那横跨十几个数量级的电磁波谱，或者是描述地球 46 亿年地质年代的时间坐标，就马上明白了。

话说 1935 年，人类对地震的了解尚是懵懵懂懂，当时在美国加州理工学院读物理的研究生里克特独有卓见地意识到：每一个地震的大小，应该可以量化成一个数字来代表。由于地震可大可小，小者不知不觉、微痛微痒，大则山摇地动、山崩地裂，那么要量化地震的大小，必定得诉诸对数。

里克特专门为南加州频仍的中小型地震设计了一则对数法则，以当时的伍德–安德森短周期地震仪为准（0定义为象征性的某特定状况），套入记录到的地表最大震动量，并经过距离修正（当然先得定出地震的震中位置，那又是另一套法则），结果为地震的大小制定出了个叫作震级的表示数。虽然同一地震由不同处的地震仪记录推算出的震级不尽然相同，但取个平均值，确实既合理、又方便好用。

这被命名为ML的里氏震级制定法很快就被广泛采用，但它毕竟是为南加州量身打造的，别的地方地质处境不一，并不见得适用。更需要改进的，是制定震级的程序需要能适用于遥远各处发生的地震，而不是像ML仅局限于近地震。于是里克特继续师从地震学泰斗古滕贝格，联手发展了两套新法则（当然仍都是对数标定）：一是体波震级Mb，是基于短周期（1秒）的P波幅度制定的；一是面波震级Ms，是基于长周期（20秒）的瑞利波幅度制定的。

地震波是在固体地球内传播的弹性波，林林总总一箩筐。对任意地点而言，一旦发生地震可谓一波未平一波又起。以波速快慢来分，也就是以抵达的早迟而言，先到的是通过地球内部的体波——叫作P波、属于纵波的压缩波（相当于空气中的声波），再是叫作S波、属于横波的剪切波；然后往往是幅度相对较大的表面波，其中水平方向的横波叫作洛夫波，以垂直方向打转的叫作瑞利波。当然这也只说到了走直接路线到达的波，如果地震够大的话，还夹有经过地表及内部各层面反射、折射外加散射后到达的源源不绝的各类体波，以及双向环绕地球的表面波等——这些就牵涉到驻波，也就是地球的自由振荡啦（见第29篇）。

时代继续进步，地震学的知识不断累积，地震仪器的制作工艺、类型日益精进。到了1970年代，地震学家逐渐认识到，上述几种地震震级制定法——出现捉襟见肘、无法自圆其说的窘境。例如瑞利波的强弱和地震的震源深度有关（例如深源地震深度大当然较不会产生表面波），结果是大小相当的地震会制定出很不一样的Ms。最严重的缺陷是这几种震级尺度都有饱和现象——再大的地震，即使其他种种的证据明显地显示其震级应该绝不止此，但其ML或Mb震级总是超不过7左右，Ms也难达8以上。根本的问题在于：地球表面发生断裂时，虽然我们一概称之为地震，但其实其肇因、类型，以及断裂错动、能量释放的方式和过程是各式各样的，殆难一概而论。

　　是到了时候，该扬弃使用了多年的那些学理基础薄弱的经验法则，而重新制定能放诸四海而皆准的新震级尺度了。

　　地震学家们回归到震源机制的物理描述，终于，一个定义为地震的震矩的物理量胜出。简单地说，震矩=岩层的刚度 × 断层断裂的面积 × 断层面上的滑移量。更学理的说法，是定义出一个称为地震矩的张量，常用矩阵表示，其量纲就是震矩。震矩是有实际物理意义的量，它的单位和能量相同，所以它必然与地震释放的震动能量直接相关。

　　下一步，当然是将震矩取对数，来标定一个矩震级（Mw）。为了要匹配人们早已习惯使用的里氏震级，1979年地震学家金森博雄（Kanamori）提出这样一个日后通用的公式：

$$Mw = \frac{2}{3} \times \log\left[\text{震矩值（单位为尔格。1尔格}=10^{-7}\text{焦}）\right] - 10.7$$

　　所以，矩震级相差1即代表震矩（或能量）相差$10^{3/2}$，约32倍；震级相差2相当于能量相差1 000倍。稳坐史上第一大的1960年智利地震，估算震级应该有9.5，2004年印度尼西亚苏门答腊地震震级9.3，可列第二。矩震级相差虽仅0.2，但其能量相差达两倍！ 2008年中国四川汶川地震震级8.0，相较于2011年日本的9.0地震，能量小30倍（见图32.1）。广岛核爆能量相当于震级5.1的地震，美国曾试爆过的最强核

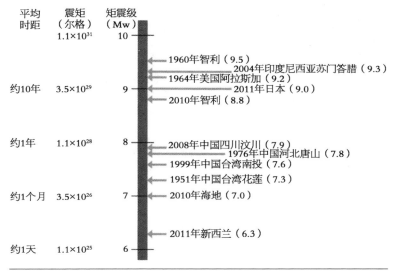

图 32.1 史上特大地震及近些年较为耳熟能详的地震

爆是其 1 000 倍,相当于震级 7.1 的地震(其实直接这么比是太小觑地震了,因为地震的震动能量只是其释放的总能量的一小部分,大部分其实都通过摩擦生热了)。震级 0 差不多是一枚手榴弹的能量,再小的爆裂其对应的地震震级就是负值了。

今天全世界采用的、我们在媒体里听或见到的,都是矩震级,不能再叫里氏规模。地震矩是根据全世界各地布下的各地震台网所记录到的地震波,通过科学程序反推出来的。但是好比风中听音、雾里看花,毕竟不得全,以致推算出的地震矩和震级多少有模糊度,这也是为什么不同的机构(使用不同频宽的地震台网记录)制定的规模往往有出入,例如同个地震有的说 7.9 有的说 8.0,或如 2011 年日本地震,震后当天说 8.8,次日修正为 9.0 甚至 9.1。我们对这些数据毋庸置疑,更不必苛责。

地球上震级 9.0 以上的地震大概十年一遇;八点几的年年可遇;七点几的每年十几到二十个;六点几的则平均每一两天就有;五点几的更不用说了,可说日日应接不暇。地震会大到震级 10.0 或以上吗? 似乎不会,但大陨石的撞击可就没有上限了——希望那是百万年不遇!

若你觉得最近似乎世界上地震越来越多,那仅仅是你主观的错觉罢了,原因有二:一是现代资讯社会将信息传播得又快又广又深入,一有个风吹草动,消息马上传遍世界;另一是因为现代人口增加及都市人群密集的现状,地震容易导致屋毁人亡的灾情,也就让人印象更加深刻了。

另外,地震还有所谓的震度,那是用来描述各地区震动程度的(譬如轻微有感是2.0级,引起群众惊吓恐慌是5.0级),与震级是两码事。同一个地震,近处的震度自然比远处要大;同样震级的地震,较浅者造成的震度肯定较大。如果都会发生浅源地震,即使震级一般大小,也可能摧毁大桥及房屋;遥远处的地震震级再大,对我家的震度也必定是零,秉此类推。

小贴士

除了地震震级外,有哪些物理量是以对数方式来表示的?

天文观测常用的视星等:每一星等的亮度相差约2.5倍,数值越低表示越亮。夜空里面的肉眼可见(约5 000颗)亮度最亮的是视星等为−1.46的天狼星,最弱的约6.5。

化学里表示酸碱度的pH值:水溶液中氢离子浓度是10^{-pH}。例如当氢离子浓度是10^{-3}(很酸),那么pH=3;氢离子浓度是10^{-8}(略碱),则pH=8。中性的水里氢离子和氢氧根离子浓度相等(酸碱中和),都是10^{-7},所以pH=7。

工程里常用的分贝:把强度比值的对数,再细分为10阶。以声音为例,将人耳最低可感受到强度定为0分贝,震耳欲聋是10^{12}倍,就是120分贝了。光学、电子学、雷达及通信领域等都会用到分贝。

另外，热力学里的熵、信息理论里的熵和信息量、乐谱中的音阶、物质微粒的尺寸、透光率和黏滞性，以及本文提及的电磁波谱和地质年代谱，都用对数标定。甚至有所谓的韦伯定律：感觉的反应量随输入刺激量（例如音量、光量、重量）的变化其实就是遵循着对数关系的。

33. 地震！把地球震歪了？

　　　　　　大地震会改变地球的自转？真的假的？这故事里透露了哪些地球不为人知的奥秘？请听"藏镜人"版的讲坛为您道来。

　　近年来每一次发生特大地震，第一时间总有某家杂志社的科普记者会想到：这次地震会不会改变了地球的自转速度？是不是会把地球的自转轴震"歪"了？

　　于是打电话到NASA公关处询问，该处接到询问后，就公事公办地把问题抛给那时在NASA任职的我，我即公事公办地找来我的同事格罗斯（R. Gross）博士，我们算出结果，迅速确实地回报公关处。于是一则地震改变地球自转的小新闻就在当天上网、见报。报道详尽些的会指名道姓，让我们小小虚荣一下，一般报道则是一笔带过："NASA科学家说……"，云云。

　　发生在2010年2月27日的智利大地震，和2011年3月11日日本东北外海大地震之际，上述旧事重演，只不过此时我已离开了NASA，所以NASA发布的新闻稿里只称格罗斯博士了。等到辗转出现于报纸杂志上，你可以想象当我读到"NASA科学家说……"时的莞尔。

　　地震与地球自转的关系，这故事要从百多年前讲起。

　　话说地球自转轴的指向一直存在微小的摆动，即所谓钱德勒摆动（见第28篇），这是自转中地球的一种自由振荡，必须有外在的事件不断来激发，它才会一直摆动，永不停歇。于是自从19世纪末，钱德勒在天文测量中发现地球确实有此摆动以来,陆续有科学家怀疑:大地震是否为幕后推手之一?

那么,估算一下吧!奈何早期欠缺对地震的定量了解,加上估算公式又推敲不定,一直到1960年代才出现可信的估算数值。1987年,我根据我的博士指导老师吉尔伯特(F. Gilbert)教授关于地球自由振荡的精美理论,推导出完整的公式,可以同时计算地震对地轴的影响,以及对自转速率和重力场的改变。找来同事格罗斯将公式写成电脑程序,此后我俩就多了一项义务:每隔一阵子就将全球各地发生震级5.0以上的地震对地球自转的影响计算出来,公布在网站上。列表回溯起自1977年,迄今已达三四万笔。而每次特大地震发生后的第一时间,NASA也自然征召我们公差一桩。

话说回头。除了地动山摇之外,地震真会改变地球的自转吗?正确答案简单说是:废话,当然会!不要说地震了,地球上的任何质量迁移,就连你我的随意走动,都必然改变地球的自转(见本篇【小贴士】),问题只是改变量的大小而已。

有没有听说过这样无厘头的倡议:号召全世界的男女老少,大家约好在某一时刻一起往东跳跃,地球的自转当时不就会变慢一些(往西跳则变快)?没错。只不过当你把地球那庞大的质量代入计算公式的分母中做定量估算时,你马上就了解,七十亿"匹夫之勇"的作用完全微不足道,只攀得上小数点后面遥遥不知第几位呢!

大地震呢?抱歉,还是微不足道,再大的地震对地球自转的影响,相较于地球自转的各种"正常"变动(例如大气、海洋环流的效应),只算得上个"小小巫"罢了!例如2004年年底引发印度洋大海啸的苏门答腊特大地震(名列史上第二),只略微把我们的日长缩短了6.8微秒,扳偏了地球的自转轴7米。

表格里列出历来特大地震的成绩单,就我们的日常生活而言,这点影响大可不用理睬。另一方面,这样的微小信号测量得到吗?诉诸现今测量地球自转的高精度空间技术，问题不大。然而对不起，这信号夹杂、淹没在上述其他更大的信号里，无法直接辨识。好比身处嘈杂的街头，你听不见你的手机响了。

历来大地震对地球自转造成的影响

发生时间	地　点	地震震级	日长改变量	自转轴偏移量	自转轴偏移方向
1957年3月9日	美国阿拉斯加	9.1	（资料不足）	（资料不足）	（资料不足）
1960年5月22日	智利	9.5	−8.4微秒	68厘米	东经115°
1964年3月27日	美国阿拉斯加	9.2	+6.8微秒	23厘米	东经198°
2004年12月26日	印度尼西亚苏门答腊	9.3	−6.8微秒	7厘米	东经127°
2010年2月27日	智利	8.8	−1.3微秒	8厘米	东经112°
2011年3月11日	日本	9.1	−1.6微秒	15厘米	东经139°

注：山摇地动平息之后，日长也变了，自转轴也偏移了，虽然变化量微乎其微。

　　但是，勤于"无中生有""小题大做"的科学家们可不这么轻易放过这个现象。让我为你道来，这整个现象背后透露的神奇、有趣的地球奥秘。

　　以对地球自转速率的影响为例：世界各地的地震频繁而且种类繁多，应该没有什么办法让我们预期地震对地球转速是偏好加速还是减速。也就是说，统计上的预期值应是加速与减速各占一半，三万多个地震的累积加速或减速效果应该遵循随机游走（random walk）的统计。

可是实际情形大不然！根据计算发现，导致地球自转加速的地震数目远多于减速的，几乎是2∶1的比率！地球自转因而加速（其实是地震导致地球整体内缩的结果，见本篇【小贴士】），其趋势可说是锐不可当！虽然其变化速度很小，合计每年日长变短零点几微秒（相较之下，地球因潮汐摩擦而引起日长变长的变化速率比这大几十倍）。

地震对地球自转轴方向的影响亦如是：这么多地震的累积效果，是把转轴，或说北极点很"坚定"地推向东经140°左右（西太平洋）的方向（见表32.1），完全不是随机游走式的蹒跚不定。推移量倒是仍旧很小，平均合计每年不到1厘米（相比之下，地球极轴因冰期后反弹现象而漂移的速率比这大几十倍，方向则几乎正好相反）。

除了自转，地震造成的地球重力场改变又如何？计算结果中顶有趣的是：地震正以同样约2∶1的强大趋势，在把地球的椭率持续减低，也就是说，地震让地球整体越变越圆呢。同样的，该变化速率小之又小，平均合计每年不到万亿分之一（相较之下，冰期后反弹所导致的地球椭率减低的速率比这大几十倍）。

真相大白了，更重要的是问：为什么"地震们"会有这些共同的"偏好"？今天全球的地震机制取决于板块运动的时空条件，而板块运动是地球这个"大热机"在扩大熵值、寻求最低势能状态的动力过程中的行为。那么，这些地震的趋势是板块理论里的哪一桩？其间的作用力是靠什么机制运作的？能量传递的途径、回馈行为又是什么？

更需思考的是：这现象显然不只是最近这些年偶然展现的，而是千千万万年来一直如此，因为板块运动的时间尺度是以千万年来衡量的。这么一来，尽管所改变的数值很小，但是累积那么长的时间，总变化量其实不容小觑，那又造成什么影响？这一连串的问题，我多番寻思，至今仍是不解。

地震！引起山摇地动甚至山崩地裂还偶尔外加海啸。之后一切归于平静,但也留下了永远的印记。地体显然发生了大规模的物质错动。这"震后vs震前"的错动,不仅限于震源断层附近,而是以随距离递减的方式发生于地球的任何一处。就整体地球而言,这微小的错动稍改变了地球的自转以及重力场,前者就是本文的主题。

自转怎么变的呢？全凭角动量守恒原理。

物理学的术语：在没有外力只有内力作用的情况下,一封闭系统的角动量是常量,不会改变。角动量是转动惯量乘上转动角速度,所以在守恒的状态下,当前者改变时,后者就相应发生改变,以维持两者的乘积不变。教科书常用以下的例子搭配图33.1来说

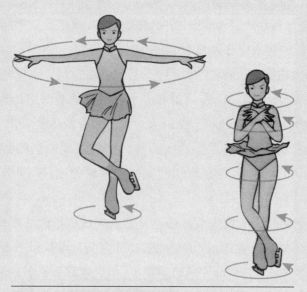

图33.1　花样滑冰的结尾动作
打转中的滑冰者为什么会越转越快？这跟地震、地球自转有什么关联？

明：花样滑冰即将结束时，打转中的滑冰者总会在最后一刻将外伸的手臂内收（转动惯量减小），同时会越转越快（角速度增大）。该过程中角动量不变，动能则因施力者做了克服离心力的功而有所增加。我再加一句：若两手臂内收过程是不对称的，例如一高一低，溜冰者还会略微打摆（转轴摆动）。

地震是地球的内力造成的，所以震前震后地球角动量不变。如上述，地球的转动惯量被地震错动改变的同时，其角速度也相应改变了。结果是地球自转因此变快或变慢（日长变短或变长），同时自转轴的指向也朝某方向偏移了。其确切的加速度、偏移量及方向由地震的震级、发震位置、断层的类型和机制等决定，有计算公式可循。

34. 双场记: A Tale of Two Fields

如同狄更斯《双城记》(*A Tale of Two Cities*) 的开篇语——这是最美丽的年代；这是最糟糕的年代，地球的"双场"——本文的双主角——磁场和重力场的测量，也经历着起起伏伏的年代，写下精彩的篇章。

物理书里老爱说的"场"令你雾煞煞吗？

"场"，就是一个空间的函数——不同的位置点有其对应的值，这样的物理量就是一个场，其物理量由某特定方程式来负责描述、规范。物理量可以是标量，可以是矢量，或是更高阶的张量。那个原先就存在的空间，可以是一维的线，二维的面，或三维的体空间。如果该物理量又会随时间而变，那我们可得管它叫作四维的啦。

宇宙间看似空空，实际上却是无所不在地充斥着各种"场"。你自己就在你的周遭创造了一箩筐各式各样的"场"。你不是希望永远"散发着光与热"吗？没错，由于你的体温，你散发着红外线的黑体辐射，于是周遭有你制造的辐射场和温度场；你行走起来虎虎生风、讲起话来声如洪钟，制造了身边空气的流动风场和音量场；脚下地板在你的压力下产生了应力场、应变场；天干物燥时频频放电不手软，你显然有属于你的静电场；精神焕发、脑力激荡时的神经电流调制了你周遭的磁场；当然你的质量更是忠实地制造了追随着你的重力场；连你的身体表面反射光线、你的影子都可视为你制造的正和负的亮度场。不过对不起，至于你正焕发着那令人无法抵挡的"神秘魅力场"，卖杯子的厂家说饮用水里感应出什么"健康磁性场"，连带一些定义不明、高深莫测的"场"，就不在我们的谈论范围啦。

以上只是静态的场，还没牵涉到繁复（也就更美妙！）的麦克斯韦电磁辐射、或爱因斯坦广义相对论里出现的动态的场行为哩。在更加高深、天外有天的现代理论物理范畴里，场成为基本粒子交互作用的代理，甚至定义了粒子的存在本质。量子场、杨－米尔斯规范场、统一场论、宇宙的终极大统一场等，神秘的数学对称性之美在此展现到极致。

地球也是"内外皆场"，而且都是不折不扣的四维场。地球内部的场，例如物质密度场、压力场、弹性波速场、造成板块运动的对流场、造成地震的应力场，还有那个驱动着地球的生命力，却让科学家们难以捉摸的温度场。地球外部，大气层有我们熟悉的气压场、风场、温度场、湿度场、辐射场等。大气内外各层以及宇宙中的各种闪电、电流现象，则都是电场的所作所为。

还有，就是，合称地球位场（geopotential field）的双场——地球的磁场和重力场。它们源自地球内部，而无远弗届地散发到外部。重力场的产生源是物体的质量，质量是只正不负，属于"单极"，所有质量的总效应就尽管叠加，成就了总重力场。磁场不一样：磁没有"单极"，永远以正极、负极（俗名北极、南极）成对的"双极"存在。重力场（遵从牛顿重力方程）与电场和磁场（遵从麦克斯韦方程），总是被经典物理学津津乐道。原来大自然为了它们开动了完美的想象力：以力学的观点来看，这些场遵从的是保守力（conservative force），可以进一步导出势能场。物理术语是这么说的：保守场（标量）的势能场是力场对空间的矢量内积线积分，力场是势能场的空间梯度微分，二者等价。

【磁场篇】

在地球上最早的磁场观测应属老祖宗利用指南针、罗盘辨方向，虽然当时的人们不明其所以然，而且只能够定出磁场矢量的方向，却已经算是人类史上一级有用的大发明了！根据磁针指向在地球各处的总体规律，16世纪英国人吉尔伯特（W. Gilbert，伊丽莎白一世的御医）提出永磁体假说：地球中心是个巨大的永磁体，它的北极、南极方向似乎重合于地球自转的南极、北极方向。

时至19世纪，电磁学发展以后，人们终于了解什么是磁场，以及磁场的产生过程。产生电磁场的一个有效方法，是利用机械能转化成电磁能。这样的机械装置，在日常生活中（例如家用电、汽车电池充电），通称为发电机（generator），它备有永磁体，发电的过程在其永久磁场中进行。另有一种发电机装置叫"dynamo"，它发电时自动伴生的磁场可以替代永久磁场，循环自生而不灭。地球内部有可能是这样一个大发电机吗？这样的地球发电机（geodynamo）理论，不需要诉诸永磁体，就能解释地球磁场的存在。

受限于人们对地球内部的所知有限，永磁体和地球发电机这两种选项就一直被搁置着。

进入20世纪中叶，磁性物质如何具有永久磁性，是等到了原子论与量子论出现以后才得以理解。很快地，随着对地球了解的增加，永磁体这个选项竟然很轻易地就被扬弃了。因为永磁体有所谓的居里温度［Curie temperature，发现者居里（P. Curie）与比他更有名气的居里夫人（M. Curie）共同获得了1903年的诺贝尔化学奖］，超过这个温度时，磁铁的永久磁性就会自动消失。地球岩石里的磁性物质，其居里温度通常在几百摄氏度，而地球内部的温度，除了表层以外，只要深度超过约百千米，温度就已经超过上千摄氏度了！

既然地球深处不存在永磁体，那么该是个大发电机了？逐渐，科学家开始认真考虑这个选项，而且是"丈母娘看女婿，愈看愈有趣"。大自然在此展现了无比奇妙的想象力，把地球这样的行星，塑造成一个自发性、永续性、如假包换的发电机，而产生了地球磁场。让我们来看看，它必须具备哪些条件。

首先，地球内部必须要有大量的导体物质，这导体要能够流动，所以一定要呈液态，先决条件是地球体积要够大，内部才会够热（见第26篇）。此外，还要有旋转型的动力来驱动，例如地球自转要够快，产生的科里奥利力才会够强劲（见第30篇）。而这些基本的条件，地球居然都具备了！这来自宇宙进程中的许多现象，包括：行星是聚合了星体爆炸后的遗物而形成，而宇宙中这些遗物有许多的成分是铁，这是因为铁是原子核能量最低的元素，因此是恒星核合成反应最后的主要产物。在这些遗物聚合的过程中，巨大的重力势能转换成热能，熔融成液态并分层，比重较大的铁质聚集在球心。加上地球内部可能的核衰变反应所产生的放射性核能推波助澜，同时行星逐渐从外层冷却，使得液态铁芯产生足够强的对流，也才有足够的能量长期维持这样的对流。证诸其他行星，其中有许多均带有磁场。没有磁场的，包括火星、月亮（主要原因是太小、已冷却）和金星（因自转太慢从而不利于磁场的产生）。

然而，光是这样定性地说三道四当然不够，那么定量的"地球发电机"如何制造呢？既然无法复制实物，很自然地，科学家们诉诸那功能日益强大的电脑。

"地球发电机"在本质上是个非线性的磁流体动力学（magneto-hydrodynamics）问题，其数学模型由几个基本的物理微分方程组成，包括描述流体运动的动力方程〔通称纳维–斯托克斯方程（Navier–Stokes equation），源于牛顿第二定律〕、描述磁场变化的磁感应方程（magnetic induction equation，源自法拉第电磁感应定律）、描述流体密度变化的能量方程（热力学第一定律），以及物体的质量守恒定律，在重力场和旋转的三维空间中,用电脑做大量、繁复的数学计算(类似这样的电脑数学模拟计算,举几个较为浅显的例子,例如用电脑来预报天气或台风的行径,或模拟星系的演化、原子弹试爆的过程及影响、飞机在气流中的行为,以及城市的交通等,不胜枚举)。

1995年,以二位作者为名的Glatzmaier-Roberts数值计算程序首度成功在电脑里模拟出地球磁场的产生——困扰人们百年的疑窦终于被解开了。更加有趣的是,这套数值计算还意外地模拟出大自然的另一件杰作——地球磁场的反转现象(见图34.1)。至此真相大白:地球的磁场反转是自发的,全凭"喜好",也说不清为什么(就说它是待久

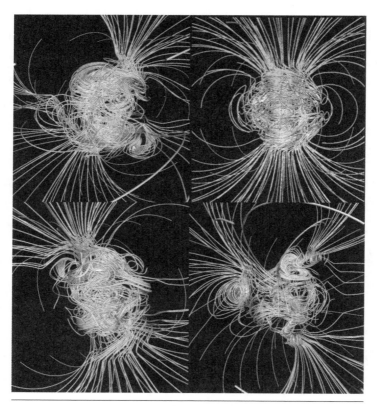

图34.1　电脑数值模拟地球发电机,成功地模拟出地球磁场的产生和反转现象(见图版)

了"腻"了吧），而且也无从预测，甚至有时反转到一半又改变主意"浪子回头"。这是非线性数学里混沌现象的一个体现。两年后，另一个Kuang-Bloxham地球发电机数值计算程序，也继而在电脑模拟里产生了地球磁场。

理论归理论，让我们来一探地磁场的实际测量。

地面的磁力仪测量，最早可以追溯到1833年大物理学和数学家高斯(J. Gauss)，高斯可算是地磁学的奠基人。传统版以及近世不断推陈出新的磁力仪款式多多，或测量强度，或测量三维矢量。百年来世界许多国家都陆续设立了长期性的地磁台站，以及局部的地区台网，然而这些单点的地域分布就全球而言仍旧既太稀落又太过局限。

另一方面，拉着磁力仪上船作"船载"，或将之乘上飞机作"机载"，一次将整片面积里的地磁场详细调查清楚，倒也不是难事，所以确实也已行之有年了。然而这种一次性的测量，又无法得到磁场随时间的各种微小变动。时间和空间好似鱼和熊掌不可得兼。

那么，何不"更上一层楼"，进一步将磁力仪"星载"——架上人造卫星？1979年，NASA正式向地磁场进军，将地磁卫星MAGSAT送入太空轨道。由于地磁场离地球越远就越弱，为了测量精度的要求，卫星的轨道必须尽量接近地球，于是MAGSAT的(椭圆)轨道被设计为近地点只有350千米高，低到必须对付空气摩擦，也因此它仅运行了短短8个月就终结了。可是就它的成果丰硕而言，无疑是"不虚此行"，MAGSAT的成果成为地磁科学研究的一项重要里程碑。

遗憾的是，基础是奠定好了，却后继乏力。一向追求探索未知的NASA，一直没有再对那科技挑战性只属"普通"层级的地磁投以青睐。

这遗珠之憾在二十年后，才由其他新兴发展航天事业的国家来填补(见图34.2)：1999年，丹麦的第一颗人造卫星就是献给了地磁场的测量工作，这颗以丹麦物理学家之名命名的厄斯特(Oersted)卫星健康长寿，十年后仍工作无休；阿根廷带头的国际合作卫星SAC-C于2000

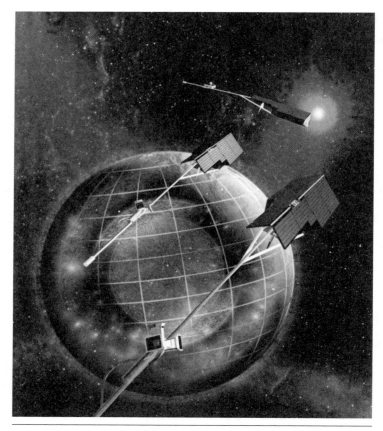

图34.2　文中述及的几个地磁测量卫星的想象绘图
"体形娇小"的磁力仪就安装在细长的横杆的顶端,远离卫星本体的电磁
干扰。

年升空,多项地球科学任务中也包含了地磁监测;同年德国升空的测
量重力场、磁场的挑战性小卫星有效载荷(CHAMP)也勤恳地运作了
十年。欧洲航天局(ESA)三颗蜂群(SWARM)卫星组于2013年升空,
是最精密、最先进的新一代地磁测量卫星。

　　上述那些磁场测量卫星,为何都伸出一根细长的横杆(见图
34.2)?原来磁力仪就安装在杆的顶端,为的是尽量远离卫星本体,远
离所有通电或带磁仪器组件的电磁干扰。这当然免不了额外增添卫星

制造和操作上的复杂度。

　　这些地磁测量卫星都理所当然选用绕极轨道（也有用几近绕极的太阳同步轨道），就是为了能够"顾及全局"，全球观测不留死角。就这样，卫星测量揭露了地磁场强度、方向的全球分布。测量到的磁场，主要来自前述地核里的"地球发电机"自行产生、以磁双极为主体的主磁场，加上地壳的次生磁场，是岩石生成的当下锁在岩层里的感应磁场；一巨一细，巨细无遗（见图34.3）。更加有趣的，这些卫星记录下了磁场各种微小的、周期性或非周期性的时变——变化较慢但规模较大的是主磁场的变动，包括了磁极位置的漂移（见第3篇）、非双极磁场的西漂，以及那让人忧心的双极磁场的持续减弱等。

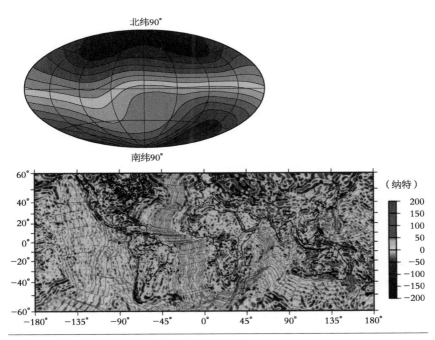

图34.3　巨细无遗的地磁场卫星观测（见图版）
上图是以磁双极为主体、由地核自生的主磁场的垂直分量，呈现南出北入的双极分布；下图是地壳的岩石在生成的当下锁在岩层里的次生感应磁场，鲜明地显示出大陆与海洋地质的迥异，海洋部分顺带用黑线框出当初海底扩张形成磁条带的年代。二图叠加才能得到地球表面磁场的平均分布（随时间改变的微小外来扰动不计）。

较高频的次规模磁扰动,则显然是外来的——来自太阳风和地磁场的相互作用,可正是"日地关系""太空天气"大学问的研究对象!这当然更是人造卫星、宇宙飞船的用武之地,它们多年来在国际合作进行的多项大型科学计划下,于太阳系的大舞池里,写下一系列精彩的篇章。

同样精彩的篇章,同时也写进了人类的行星探访志里。NASA对各行星进行一波又一波的探访,不论是飞越或是绕行,都一向是将重力场和磁场(外加自转)列为理所当然的基本观测项目。今天我们对各行星整体性质和行为最根本的了解,双场的观测成果在其中扮演着决定性的角色,其科学投资报酬率更是不容置疑。

【重力场篇】

双场记的另一主角——重力场登场。重力场的空间测量可不是现成套装硬仪器就能搞定了,这回可得要挑战科技的极限!

教科书都爱化繁为简,宣称地球的重力加速度是9.81米/秒^2,但事实上,地球并不是球对称体,所以重力场因地而异,扣除椭率后有十万分之一等级的差异;甚至因时而异,有亿分之一等级的时变。这些渺小的重力"异常"隐含了众多地球科学的信息,有趣如此,科学家是不会放过的!

只要有台不错的重力仪,测量地球的重力虽不算"轻而易举"(手提式重力仪还蛮沉的),倒也不是难事。可是一步一个脚印地完成大面积测量毕竟颇耗时费事。那么利用"机载"或"船载"重力测量吧!开始有麻烦需要克服了:重力和加速度之间的等效原理(equivalence principle)。

等效原理由爱因斯坦于1911年正式提出。用比较物理的术语,是说物体的惯性质量和重力质量永远相同。直观而简单的说法是不管是什么样的物体，在同样的重力场里得到的加速度是同样的。后者其实就是17世纪时伽利略从意大利的比萨斜塔上，利用两个不同物体自由下落，要予以证实的。在牛顿力学里，等效原理被直接默认，当作不辩自明的假设。爱因斯坦那有名的想象实验：在密闭太空舱里无法分辨重力和加速度就是等效原理；广义相对论更以之为基础，推导出弯曲的空间。近代以来，世界上总有某些物理实验室，在用更精密的方法、更精密的仪器，进行着更精密的实验来验证等效原理，目前已达十的负十几次方的精确度，等效原理依然屹立不摇。若有朝一日它被证实确有瑕疵，那么广义相对论也就步上牛顿重力理论的后尘，沦为近似理论了。

回到"机载"重力测量。飞机的加速度、离心力、科里奥利力等"冒牌重力"，都被等效原理一股脑儿混入到"机载"重力仪测到的重力值里面了！好在现在可以用GPS的定位数据来推算那些"冒牌重力"，予以修正。这类重力测量仪器和技术的发展，泰半可以归功于油气田的探勘工作。

那么再进一步，何不像磁力仪那样，更上层楼，利用人造卫星的"星载"方式测量重力呢？慢着！离奇的事要发生了。

首先，千万不要误以为外层空间是没有重力的！外层空间缺的是空气，不是重力。事实上重力场是出名的无远弗届，整个宇宙里最厉害的不就是重力吗？误以为外层空间没有重力，恐怕是见过航天员漂浮在太空中所致吧！

宇航员的漂浮仍旧是等效原理的展现。其原因是宇航员沿着叫作轨道的轨迹绕地球运行，速度高达每秒钟约8千米，才不致"坠地"。这时候他受到的地球重力吸引正等于他绕行的离心力，两者方向相反而抵消，结果是他并没有感觉到任何力，也就是处于失重状态，是个自由落体（自由落体感觉不到重力——玩过云霄飞车吧！）。不只是他，其实所有在轨道运行的卫星,包括载他的宇宙飞船及其携带的其他对象,都处于失重状态。于是"星载"重力仪上的读数将永远是0。另一种等价的讲法是"星载"重力仪本身的轨道运行离心力把想要测量的重力抵消掉了!

所以,把重力仪载入人造卫星根本无济于事,当然这并不表示重力场对卫星没作用。化繁为简的教科书说卫星轨道是个椭圆(开普勒第一定律),实际上地球并不是球对称体,以致卫星轨道也多少会偏离理想的椭圆。这偏离量可达几十米、几百米甚至上千米,正好可以用来反推卫星行经的重力场的异常(推算方式可是一言难尽),所以追踪卫星本身的轨道行径就成了我们要做的重力测量!

传统的卫星追踪方法都是由地面台站来负责,利用几何光学、激光测距、雷达定位、微波干涉、无线电多普勒等各种方法。现今则全面改用更有效的GPS来达成。苏轼《水调歌头·明月几时有》里的名句:"我欲乘风归去,又恐琼楼玉宇,高处不胜寒。起舞弄清影,何似在人间。"——不胜寒的高处,人造卫星"起舞"而弄的"轻影",虽不似人间一般的物理行为,却正代表着我们的重力测量值!

1957年苏联发射的斯普特尼克1号卫星把人类推进太空时代。同年发射的斯普特尼克2号,首批科学成果中最令人称道的,是利用了短短十多天的卫星轨道数据,就精确地推算出了地球重力场中最重要的参数——地球的椭率为1/298.257(见第24篇)。

随着越来越多各类人造卫星的轨道追踪数据,地球重力场被推算得越发精确。可是那毕竟是拼凑式的"副产品",在精准度各方面最多只能算是差强人意。那么,能不能有专门的人造卫星,用最高规格将重力测量做到完美?

20世纪里许多科学任务曾为这个梦前仆后继,我记得的就有"五出祁山"的GRAVSAT、GRM、GAMES、ARISTOTELES、SGG(任务代号里的G都是指重力),每次都因竞争输给全球变迁项目下的遥感卫星任务，而在经费的限制下半途喊停。直到21世纪，新一轮的CHAMP和GRACE登场。

德国的CHAMP，在重力测量上只做一些先导型、阶段性的试验，按下不表。

GRACE是美国和德国的合作计划，于2002年发射，打破了"五出祁山"却"节节败退"的窘局。该计划打出的旗号是：它测量重力的真正目标，是测量出重力场随时间的微小变化。后者可以告诉我们地球表面及内部质量的迁移，那是其他遥感技术都办不到的。它的科学测量成果可用来监测、了解全球变迁下的水文、海洋、旱涝、冰层、冰川、地下水、大地震、冰期后回弹，以及其他有待研究甚至意想不到的变异现象。GRACE于2017年"寿终退役"，它成为人造卫星在地球科学上成果最丰硕的典范，成果已改写了卫星地球科学的教科书（见图34.4）！它的同型后继任务GRACE Follow-On已迫不及待地于2018年升空，继续大业。

GRACE的能耐归功于新科技的开发。GRACE是在同一轨道里一前一后两颗孪生卫星（相距约200千米，见图34.5），之间以微波通信，经由回波来推算一路上相互间的距离和相对速度的变化，这超精确的

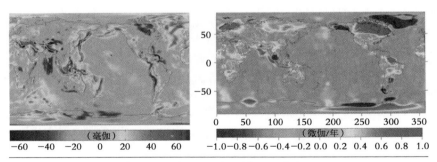

图34.4　GRACE的测量结果（1伽 = 1厘米/秒²，见图版）
左图是地球重力场的静态分布情形（扣除平均值及椭率）；右图是多年来的重力平均增减率，清楚地显示了各地区（分辨率约300千米）因水文、海洋、旱涝、冰层、冰川、地下水、大地震、冰期后回弹等各种质量迁移的现象引起的重力变化。你能一一辨识它们吗？

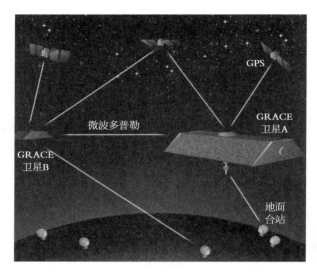

图34.5　GRACE双卫星的工作示意图

数据，配合用GPS得到的轨道定位，大大提高了推算重力场的准确度。再加上两卫星都附带了加速仪，得以修正掉那些小则小矣，却不能忽略的"捣蛋鬼"——影响卫星轨道的非重力效应，包括空气摩擦和太阳光的光压等。

　　除了轨道追踪外，卫星测量重力异常其实还可以借助所谓重力梯度仪（gradiometer）。想象你将两台重力仪牢固相连置入卫星，虽然只相隔一两米，但在不同位置其实就应感受到些微不同的地球重力，其差值是可以精密测得的。如此正交的三对重力仪，就组成了一台三维重力梯度仪了。这可不是纸上谈兵，2009年ESA成功发射了地球重力场和海洋环流探测卫星（GOCE），主仪器就是重力梯度仪，其测量结果在精度上超越了GRACE，但也由于精度的高要求，它力求轨道尽量接近地球，设计高度低至前所未见的270千米左右，空气摩擦使得卫星的轨道运行寿命受到限制，以致不能像GRACE那样长期用来监测重力时变。它工作四年后，于2013年底坠回南大西洋。

　　双场记的故事，历经着起起伏伏的年代。新的篇章，还在写呢。

35. 海平面，你隐藏了多少秘密？

　　这是一个经济动荡的年代：通货膨胀，到处热钱滚滚，民营、官股、外资、黑钱，错综复杂，一月数惊。税务局稽查组长柯学佳先生，受命调查海屏面食企业公司（简称海屏面）多年的银行账目，已经不眠不休地工作好些时日了。

　　海屏面企业是民生经济重要的一环，过去的年代里曾经历过大起大落，但维持它的稳定是今日全民的企望。它的固有资金庞大，银行账户经常进出账目不断。诡异的是，除了有正常而明显的季节性上下波动外，这些年来海屏面的存款平均数逐渐缓缓上升，最近更有加速上升的趋势。勇于任事的柯学佳开始起疑，于是派出干员、线民四出探访，全面追踪海屏面收支的来处、去向，以及来往客户间的交易。抽丝剥茧，逐渐有了眉目。

　　原来部分的存款增加，只是因为银行把原来的零利率调成了小幅"热利率"所致。另外的存款增加，有来自某几家投资公司持续的不定期汇入，最大宗的有荣化关系企业的宾合公司和宾晨公司，还有一家叫作帝夏水公司的。只是这"热利率"是多少，以及那些不定期汇入的确切金额，由于资料零散，一时也只能掌握到六七成。柯学佳这一番努力，总结出的报告，倒是为他赢得了当年最优工作奖。最近柯学佳又查出海屏面账户的一个汇出扣缴户，叫作水库基金的，又使得清查工作平添变数、不进反退。

现在让我们重述一遍上面这一段叙事，只是把角色代换掉：

　　这是一个全球变迁的年代：温室效应，气候增温，自然灾害、人口膨胀、环境污染，情况严重一年超越一年。研究这些现象的地球科学家们，为了调查清楚在这样一个情况下海平面变化的详情，已经夜以继日地工作好些年了。

　　海平面是人类赖以生存的重要外在条件之一。在过去的冰河期里曾经历过大起大落，但它能保持稳定是今日全人类的企望。海水的总量是很庞大的，也不断地在增减着相当分量的水。诡异的是，海平面除了那些正常而明显的季节性变化外，平均海平面正逐渐缓缓上升，近年更有加速上升的趋势。勇于挑战的科学家们开始正视这个问题，于是利用各类仪器和测量方法，全球追踪海水量增减的来处、去向，以及与陆地、大气之间的水交换。抽丝剥茧，逐渐有了眉目。

　　原来部分的海平面上升，是因为海表水在气候增温下，小幅度的体积热膨胀所致。另外的海平面上升部分，来自百川汇流入海所增加的水量，最大一项是陆地永冻冰的融化，包括高山冰河和大陆冰层，以及人为地下水的抽取。只是这热膨胀量有多少，以及那些入海的确切水量，由于数据的取得不易，此时也只能掌握了六七成。通过这一番努力，戈尔（A. Gore Jr.）与联合国政府间气候变化专家小组（IPCC）荣获 2007 年的诺贝尔和平奖。最近科学家们又统计出，多年来由于人造水库在陆地上截流了大量的水，已使得海平面上升的程度打了些折扣，这又使得解释海平面上升的工作平添变数、不进反退。

可是，究竟什么是海平面？

那天，你偷得浮生半日闲，来到海边眺望大海。你不禁问自己：那海天一线的所谓海平面，究竟是啥形状？

你知道它并不真是"平"的，而是圆球（或应更正确地说地球因自转而略呈椭球形）的切面弧的一小部分。你更仔细地想：地球表面的重力强弱不是有些微不同的分布吗？那么重力强处海水会被吸引而堆高一些，海平面会有些鼓起来；反之海平面则会有些许陷落。所以海平面应该自动归类到所谓的重力等势面，也就是大地水准面（geoid）——海平面原来并不真"平"啊！

还有，其实重力分布并不是亘古不变，而是会随着时间极其缓慢地变动的，例如地球所谓的冰期后反弹，或是板块运动、造山运动，都会导致大地水准面或多或少的变化。你也意识到，这些很小的高低不平，用肉眼还真辨不出来，一定得有高明的好点子来精细测量才成。

除此之外，你当然更确定海平面其实无时无刻、无处不在变动着。可不是吗？大小海浪、来去自如的潮汐，大洋里的海流、高低大气压，以及圣婴现象等所谓年际振荡的天候，处处都影响着海面高度，更别提还有更厉害的风暴潮、海啸等了。

启动想象实验：一桶水，怎样才能够改变它的水位呢（见图35.1）？除了上边讲到的各类扰动、搅动和长期而又缓慢的各类型地壳变形（相

图35.1　你能否想出四种改变桶里水位的方式（赵丰手绘）

当于稍微改动桶的形状)外,海平面变化方式可以归结成两类:其一是把水加热或冷却,热胀冷缩之下,水位自然跟着涨或落;其二是干脆直接多加或拿掉一些水就成了。这就回到我们前边讲的柯学佳的故事了。

地球上的大洋,平均深度约4 000多米。它只有薄薄的、叫作混合层的表层,一般最多一两百米厚,会直接受到上方大气的影响。海水体积的热胀冷缩就发生在此:夏天水温度稍高,水面也就稍高,冬天反之;这是正常的季节性变化。但眼下全球(额外)增温,混合层的水温也就逐渐(额外)升高,数十年来虽只有零点几摄氏度的变化,而且随时间、地点不同,可是造成的水热膨胀足以让海平面平均上升好几厘米。

确切数据是多少呢?尽管多年来世界各国投放的投弃式温探仪(XBT)数以百万计,但毕竟是单时、单点的测量,数量及分布远远不敷科学研究所需,所以对于热膨胀量只能半算半猜,差不多可以解释观察量的1/4到一半。近年来全球ARGO计划投置的数千个浮标,使得测量"功力大进",发现近年来海水热膨胀有加速的现象。值得注意的是,并不是全球海水一律看涨,而是随地区不同或多或少,太平洋中大面积的海域甚至呈热胀、冷缩的时段更迭,这似乎是圣婴现象带来的短暂变动所致。

全世界表面的水总质量基本是守恒不变的。一定要吹毛求疵的话:额外还有火山区从地里冒出的水汽、彗星渣带来的天外水,或克服了重力逃逸出外层空间的水分子,但其数量都微不足道。所以水就在海洋、大气、陆地三处打转,也就是一般说的水循环。大气里,由于南北半球冬夏互补、蒸发落雨互补,所以总含水量变化不大,而且基本上是正常的季节性变化。相较之下,海洋和陆地间的水交换量就大得多。季节性的交换最为明显且易了解,例如每年北半球冬季就会有大量的水以冰雪的形式停留在北半球的高纬度大面积陆地上,直到春季融化入海。海平面一年一涨落,约一厘米。

海陆之间,其实有着规模更大、时间更长的水循环,那就是冰河期。在过去的一百万年里,地球以十万年为周期,十度经历从冰河期到间冰期的大循环，这就是有名的米兰科维奇循环（见第18篇）。冰河时期，两三千米厚的冰封冻在北美及北欧（当然还加上至今仍旧冰封的南极洲和格陵兰岛），海平面因而比现今低达130米！很多今日的浅海峡，包括台湾海峡，当初都是陆地连着陆地的"陆桥"。上一次冰河期在一万年前解冻，地球"苏醒"，海平面回升到六七千年前才稳定下来。

今天，平均海平面又在缓缓上升：在全球增温下，稳定了数千年的陆地永冻冰开始融化、流入海里。这永冻冰以不同的形式存在：高山的冰河和冰帽，南极洲和格陵兰岛的冰层，以及高纬度的土壤冻原，都是荒无人烟的地方，观测研究备极艰难。近年来的卫星遥测在此发挥了强大而决定性的功能；每年估计有好几百立方千米的融冰"付诸东流"，而且情况愈演愈烈。告诉您一些恐怖的数字：全世界目前有70%～90%的淡水封存在南极洲的冰层，如果都融化了流入大海，全球海平面会上升超过六七十米，格陵兰岛冰层则相当于7米左右。

目前北极海冰也在急剧融化中，海冰融化对海平面的影响如何？注意冰融化前后的水位面并没有任何改变。所以答案是：零影响！因为海冰是浮冰（一般几米厚），它已经占据了应占的水体积，融化不融化并没有差别。

以上这些现象都是一面倒的抬升海平面，倒是有一项人类的活动却有着反向的效果，减缓了海平面上升。原来随着人口与活动的增加，人类多年来，尤其在二次大战之后，陆续在陆地上建造了许多的水坝，截留了大量的水在水库中，而没有流入海洋。最新统计，过去半个多世纪来，约有一万立方千米的水被截留在水库里，大约等同大气中所有的水含量，十倍于全球的总生物体积。这么庞大的水量若流入大海，足以让全球海平面多上升3厘米。如此一来，全球变迁造成海平面上升的问题，其实竟比我们所观察到的还严峻。

以目前的速率而言，全球海平面上升本身，其实在现阶段对人类并不会造成多大的威胁。它之所以受到重视，可说有两层意义：其一是考虑它的长期影响——推估未来百年如果海平面上升几米,那么全球沿海,包括大多数的大都市,将全遭"泡咸水"之殃,就像今天的威尼斯一样。这对全球民生、经济结构的冲击,将是人类社会无法承受之灾。更糟的是,如果发生了超乎推估的非线性"崩盘",那后果更不堪设想。例如:如果南极洲内海四周冰层在几年工夫里快速融化,就可使海平面在同时间内抬升10米!这隐然就像是各古老文化都传说的史前大洪水。这是危言耸听吗?有些地质资料似乎显示,类似这样的现象在最近的地质史上已经发生过多次;其二,对地球科学而言,海平面好比地球的一款温度计,第一时间反映了地球正在"发烧"——它扮演着一个"见微知著"的功能。好比身体发烧,虽只升温了一两摄氏度,却指明身体出了问题。我们亟须了解在全球增温、气候变迁之下,造成海平面上升的各种因素,以及它们的详细情况。有了了解才能进一步谈推估、预测,才能谈如何因应、调适、防制,乃至利用。

现在我们还处在向"了解"迈进的阶段。但别泄气,许多二三十年前人类不知道、不关心的事物,现在已成为日常议题。这完全归功于地球观测,尤其是卫星遥感科技的快速进展。同时,为了大地母亲的福祉,我们正等待更多有专业知识、人文社会关怀、历史使命感的朋友投入努力!

小贴士

过去百年来,全球的整体海平面以每年大约0.18厘米的速率上升。这是根据全球验潮站的记录推算出来的。全世界各国家的海边(尤其海港)设立的验潮站总数成千上万,位于英国的平均海平面常设办事处(PSMSL)长期收录较正规、且该国家愿意公开的几百个站的记录。其实这些记录颇为散乱,也仅限于对沿海地区或岛屿的记录,而且测量出来的海平面值还夹杂了当地地体本身的垂直运动(例如地面沉降、造山运动等),颇不容易修正。

　　近二十年"仰"赖一项人造卫星太空测地科学的主动式遥感技术——微波高度计(见图35.2),则是真正做到了精确、统一、高分辨率、大范围、长期的海面高度测量。其方法原理很简单(可是绝不容易!):测高仪在精确定轨(例如通过GPS定位)的人造卫星上,不断地向下发送微波脉冲,同时接收海面的反射波并计时,再修正大气、电离层对微波光速的折射率影响,就可推算出当时、当处的海面高度。卫星不停绕地、地球不停自转,几天工夫就可测完完整的全球海平面。如此持续即得全球各地、各时的海平面变化。计算各时的全球平均海平面,显示近年的海平面上升速率比起过去几乎翻了一番,达到每年上升量超过0.3厘米。

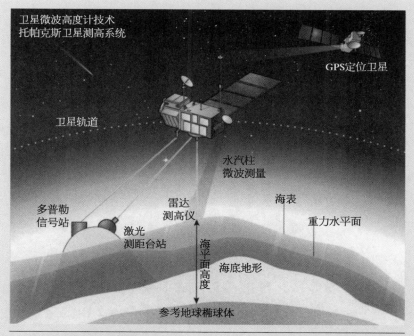

图35.2　卫星微波高度计技术

时空奇航

36. 太空里的历史迷思：NASA 和戈达德

37. 太空里的科幻迷思：NASA 和外星人

38. 柳暗花明有亿村：系外行星

39. 咫尺天涯

40. "盖棺论定" 航天飞机

41. 太空垃圾知多少

42. 地球的奇异小伙伴——月亮

43 冰下之水、水下之火：水深火热世界

44. 湖：葫芦壶里 "胡里胡涂" 的湖

45. 天上人间：蓝色的弹珠

36. 太空里的历史迷思：NASA和戈达德

这一篇，谨记我职业生涯里的两宗体会，以个人绵薄之力以正视听。

NASA无疑是人类现代文明下重要的科学机构之一，然而一般民众（包括美国民众）却对它充满了迷思。这倒不能完全归咎于媒体的片面报道和好莱坞的精彩科幻电影，因为这与NASA在国际冷战期间成立的背景也不无关系。

迷思一：NASA是一个神秘、绝对机密的国防机构。

实情：美国国防部确实从事不少太空事业，但那些与NASA无关（包括国防部负责的GPS，跟你我一样，NASA也只是快乐的使用者）。NASA直属白宫，打从1958年成立的第一天就讲明了是民用的科学机构。民用的科学机构不会对它的科学成果保密，也无从保密，不但如此，还巴不得越多人知道，才越说明业绩好呢！

迷思二：NASA的高科技在太空里无所不能，只要美国总统一通电话，服务就到位、任务就搞定、危机就解决。

实情：1）NASA确实开发很多高科技，包括许多稀奇古怪的用途，但是对不起，绝对做不到好莱坞电影里那些神勇的情节；2）NASA连发射用的火箭、载具、航天飞机，也都是招标采购自民间的科技工业公司！

迷思三：NASA的中心任务，是把宇航员送上太空、送去月球。

实情：大错特错！其实可以这么去理解，人类在太空里所得到的大量科学成果,都来自无人的人造卫星或宇宙飞船,它们才是成就太空时代、改变我们世界的功臣,它们才是NASA的中心任务。那么送人上太空、去月球做什么?直截了当地说,这工作是美国国会交付NASA的任务,背后当然有各种政治、军事、教育、社会文化、工程技术、经济、甚至心理因素的考虑,其中科学的含量反而低到不好意思明说了。

迷思四:NASA位于得克萨斯州的休斯敦。图36.1标出NASA旗下所有的大大小小的科研单位,几乎遍布全美。其中有一个中型规模的是休斯敦的詹森太空中心。为什么它特别有名气?为什么电影里老以它为情节背景,好像它就代表了整个NASA?答案极简单:它是NASA宇航员的训练和执行任务的基地。当人们误以宇航员就代表了NASA(迷思三)的同时,休斯敦也就被误以为是NASA的总部所在了。

实情:NASA总部在首都华盛顿特区里,只是一栋统管行政办公业务的大楼。

真正的NASA的(无人)科学事业"兵分三路":地球、行星和天文。最近半个多世纪以来,其成果之辉煌毋庸赘述。行星研究的大本

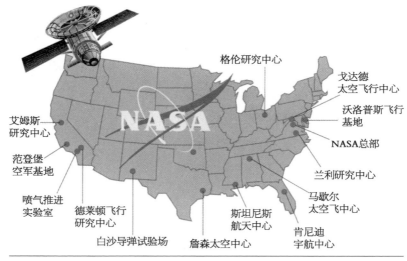

图36.1 NASA旗下的太空中心及设施遍布全美

营位于加利福尼亚州帕萨迪纳，那里有个承袭了在第二次世界大战时期的古怪名字的喷气推进实验室（Jet Propulsion Laboratory）。而地球和天文的研究则集中在戈达德太空飞行中心（Goddard Space Flight Center），该中心是NASA旗下第一个也是规模最庞大的研究单位，成立于1959年，位于美国首都华盛顿郊外的马里兰州，如今直接雇用人员数量上万，年经费20亿美元。

这么庞大、成就非凡的戈达德太空飞行中心，没听说过？这里显然隐含了又一个对NASA的迷思。而戈达德又是何许人物？

戈达德（R. Goddard）被誉为美国的火箭之父，却不是家喻户晓的人物。想必你知道，在第二次世界大战以前，美国的科学是远远地落后于欧洲的。戈达德那时是马萨诸塞州克拉克大学的物理教授，他一生特立独行地投身液态燃料火箭的研发（见图36.2），可惜独力难成，奋斗累积的总成果，相较于同时期纳粹德国发展出的恐怖武器V2火箭，只能说是小巫见大巫。

然而，戈达德研发火箭，并不在于追求什么世俗的目的，而是为了他一生追寻的少年时的一个梦。

那天，17岁的他爬上祖父农庄后院一株樱桃树上修剪枝丫。他倚靠在樱桃枝上，远眺着天际和大地，开始沉浸在"俱怀逸兴壮思飞，欲上青天

图36.2　1926年冬，戈达德第一次的液态燃料火箭试验
燃烧室和喷嘴置于火箭上段，火箭在雪地里腾飞了3秒钟，将近十几米高，算是成功。

揽明月"的幻想里,他幻想着怎样能够升入太空,飞到火星。一瞬间的感动,决定了他一生的伟大。他后来在自述中说:"爬下树时的那个男孩,已不再是爬上树的同一个我了;人生的存在有了明确的目的。"他之后把10月19日那天奉为特殊纪念日,每年都独个私下庆祝。

戈达德晚年,搬到西部的沙漠小镇罗斯威尔(就是那个日后闹出外星人闹剧的所在地,见第20篇),在那儿带领着几位助手夜以继日地试验并改善火箭技术。他在二战结束那年过世后,遗孀整理他的日记,读到这段,在沙漠里的某一年秋天,戈达德接获亲戚写来的家书,闲叙家常,提及老家日前一场风暴,把祖父农庄上的老樱桃树也吹倒了。戈达德伤怀地记述:"樱桃树不再了;试验工作要持续,往后的路,只有我踽踽独行了……"

戈达德一生获得214项专利,多达131项是过世后才发表的。其中一项牵涉古根汉姆基金会和美国国防部的专利诉讼案,厘清之后,他的遗孀得到50万美元的赔偿。讽刺的是,这笔钱比戈达德一生中所获得的研究计划资助经费的总和还多。

戈达德多年来一直为一项基本的物理原理上的迷思所苦恼。火箭要向前推进,直觉上那向后的喷气好歹总得需要推到什么"东西"(譬如空气)上才行吧!譬如你推一堵墙而产生反方向的反作用力。那么喷气的火箭真能够在空无一物的真空中推动自己吗?

戈达德清楚动量守恒的道理,所以也清楚答案当然是"yes"(见本篇【小贴士】)!火箭推进的喷气并不需要推在任何"东西"上,实际上当有空气时,相反会有"讨厌"的空气阻力降低火箭功效。可是外界以至同侪之间也有不少人对此迷惑,以致一再地对他公开质疑、甚至讽讪。影响深远的《纽约时报》(*The New York Times*)曾在1920年一篇社论中,用义正词严的语句,否定火箭能在真空中推进,说那是高中生念物理都懂的道理;还揶揄说戈达德又不是爱因斯坦,竟试图改写物理?

戈达德也因此需要一再地写文章进行阐明、辩护,到后来他选择干脆不理会。这段历史公案,在戈达德过世多年后,才得到"迟来的正义":1969年7月17日,阿波罗11号登陆月球后第二天,事实胜过雄辩,《纽约时报》刊登了一篇简短的"更正"启事,对当年针对戈达德的错误评论表示遗憾。今天回首这段公案,一方面看到了戈达德"虽千万人吾往矣"的坚守真理的精神,另一方面似乎也表明了美国社会当年科学知识的普遍落后。

今天,走进戈达德太空飞行中心的行政大楼,就能见到镶在大厅正面的戈达德的名言:"The dream of yesterday is the hope of today and the reality of tomorrow"(昨日的梦想是今日的希望和明日的现实),这正是戈达德一生的写照、半个世纪的追寻。

小贴士

大自然展现的守恒定律,美妙得令人沉醉。

守恒定律和对称性是一体两面,这是所谓的诺特定理[诺特(A.E. Noether),德国人,虽然知名度不高,但被誉为最伟大的女数学家]。例如我们熟知的(线)动量守恒,本质对应着空间平移的对称性;角动量守恒对应着空间旋转的对称性;能量守恒对应着时间平移的对称性,等等。

动量守恒定律其实一直就有个等价的论述——牛顿第三定律:作用力等于反作用力。另一等价的说法是:一群物体不论它们如何分分合合,只要没有净外力,其整体质心不动(或以等速移动)。用来处理火箭的力学运动,问题迎刃而解。火箭在这里代表一个物体因内力而不断地分离成一大一小两部分。动量守恒定律规定,一部分(喷气)往东时,另一部分(火箭体)就得往西。简单明了的论述,完全不牵涉其他物体,所以不论是在空气里,还是真空里一概适用,也因此火箭确实可以如戈达德期待的一飞冲天、穿越大气而继续在真空的太空中推进。

37. 太空里的科幻迷思：NASA和外星人

　　"外星人"是一门需要基于深奥的学理、广泛的知识，来实事求是地追寻的学科。

　　常被问："你在NASA工作多年，你觉得有外星人吗？"我总反问："你说的外星人是指什么？又和NASA有什么相干？"

　　如果你说的是电影里那种生理机能和地球生物，诸如你我、黄狗、青蛙完全一样，只是长得丑丑的怪物？那我会没好气地对你说："老弟我懒得理你，那只是电影情节，让观众看热闹罢了。"

　　至于NASA呢？民众对NASA有着种种错误的迷思（见第36篇），还包括与外星人有牵扯的科幻迷思。实情是NASA从未理会过外星怪物之类的无稽之谈，更不存在任何调查、甚至隐匿来访或来犯的外星人事件等。美国"罗斯威尔版"的外星人闹剧（见第20篇），让倒霉的国防部惹了一身腥，NASA倒是得以置身事外。

　　还是说，外星人是指地球以外的某些至少具有人类文明程度的智慧生命？那么，除了地球，宇宙间有没有，或是有多少智慧文明？这是多么令人神往的议题！这就要说到德雷克方程（Drake equation）了。

　　1961年，美国天文学家德雷克（F. Drake）提出这样的问题：银河系里有多少可能与我们联系的智慧文明呢？他提供了一个很直观的公式：该数量应该等于7个因数的相乘，这7个因数分别是：1）每年银河系里诞生的恒星（平均）数目；2）恒星有行星的比例；3）行星系统里可居住的行星的数目；4）形成生命的可居住行星比例；5）该生命演进出智慧文明的概率；6）该智慧文明发展出对外通信的科技的概率；7）该对外通信科技延续存在的时间长度。

严格而言，德雷克方程只是一个逻辑哲学的简单陈述，其中各个因数不但无从确知，而且言人人殊；乘到最后，乐观者说总数量千千万万，悲观者则说连一个都不到。尤其7）牵涉的"命"题是：一个科技文明在自我毁灭（是宿命？）前可以存在多久？我们只有自己都不了解的人类文明作为唯一参考，任何猜测都是主观的、不具代表性。百年？万年？千万年？在漫漫百亿年的宇宙时间表里，都只是一瞬间！反过来说，这样一个大哉问，不禁发人深省。

德雷克方程有一些缺陷陆续被指出，例如没考虑到那关键的因素——联系。以地球而言，人类文明除了象征性地陆续做过几次对宇宙发射无线电"广告"外，殆无其他主动联系的意愿和作为，另一方面却又时时刻刻不经意地对外放送一大堆人为的（有没有"智慧"则另当别论）电视、广播等无线电信号。地外文明在多少光年（1光年＝9.460×10^{12}千米）外、多少年以后"听到"我们的概率不是也应列入考虑因素吗？

更需要克服的是浩瀚空间里的联系及侦测信息的方法——搜寻地外文明计划（Search for Extra Terrestrial Intelligence，SETI）应运而生。

SETI是美国一系列无线电巡天科学计划的统称。天文学家希望借此从无所不在的宇宙无线电"噪声"中，筛选外来的"人为"智慧信息。打从1960年代起，陆续在政府机构、高校，以及民间团体、私有企业等各方支持下，天文学家前仆后继地开展相应研究：从康奈尔大学使用的26米口径的射电天文望远镜、俄亥俄州立大学建制的上万平方米的大耳朵射电望远镜，到加利福尼亚大学伯克利分校的系列计划中使用的位于波多黎各岛的300米口径阿雷西博望远镜（已于2020年损坏），以及美国行星协会使用哈佛大学的26米碟形天线。巡天工作涵盖的无线电带宽，从早期只有几段特定的频率，不断进步到如今的宽频自动连续扫描。

NASA呢？虽然没有缺席这场探索，却表现得不太积极。它于1992年使用深空天线参与了SETI工作，可惜在美国国会质疑下，一年后就被叫停了。1995年，SETI工作转由完全民间的SETI研究所进行，目前研究所一方面以代号SETI@home广募全世界数以百万计的网上志愿者，贡献自己的电脑连线时间，帮忙计算分析接收到的大量宇宙无线电信号；另一方面与加利福尼亚大学伯克利分校合作，几年前开始集资在加利福尼亚州北部建立新一代、功力更高强的艾伦望远镜阵列［见图37.1，出资者艾伦（P. Allen）是微软公司创办人之一，于2018年辞世］，目标是由350架6米天线组成。目前因经费不继，该项目处于停滞状态。

然而，这么大量的人力、物力、时间的投入，积攒了那么多的兴奋和期待，SETI的成绩单迄今仍然挂零。这是意料之中还是意料之外？是

图37.1　SETI研究所在加利福尼亚州北部建立的艾伦望远镜阵列
用于进行新一轮的无线电巡天，搜寻地外文明。

根本没东西"听"，还是时间不巧又太短促？是我们"有听没有到"，还是"有听没有懂"？或许，是我们的想象太过天真烂漫了？又或许，是我们对科技文明存在的寿命估计得太过乐观了？

外星人还可以定义为：只要有"生命"就行，即使是简单的微生物。这么一来，这个问题就是更深的层面了。许多学者相信宇宙里带有生命的星球应该不止恒河沙数，甚至星云空间中可能随处都有生命的基源物质，连我们地球生物恐怕都源自当初从外层空间偶然闯进来的原始有机分子。可是拿得出直接证据吗？

NASA一向视火星为太阳系里地球除外最可能有生命的星球。1976年，野心勃勃又兴致勃勃的维京号火星任务，先后发射两艘无人宇宙飞船成功登陆火星，各项探测成果丰硕，唯独那最让人期待的实地生物化学试验却得出个否定的答案：没有发现任何生物迹象。大失所望之余，NASA将"天外生物"这档事搁诸脑后，一搁就是二十年。

1996年，在对一块火星陨石（见本篇【小贴士】）仔细分析后，NASA科学家麦凯（D. McKay）团队发表了一篇论文，宣称在保存着火星幼年期状况（相信当时是个水汪汪的世界）的陨石结构里面，发现了一个化石化的微细菌，一时之间举世哗然。该条状微细菌仅数十纳米长（见图37.2），时至今日也只此一桩证据。这真是细菌的遗体，还是陨石里的普通结晶？是火星遗物，还是掉落地球时或实验室里的沾染物？众说纷纭，讫无定论。

NASA顺水推舟，于1998年成立了天体生物研究所（Astrobiology Institute），正式将这门研究端上了台面。成立之初，一向以数理、工程为能事的NASA，需要立即整合生物学界的研究力量，着实张罗了一番。如今NASA一波又一波的行星探访任务，都顺理成章地将寻找地外生命的迹象作为重点目标之一。由于科学家们只懂得地球上那种以水为基础的生命，所以新一轮的行星探访都揭橥"追水"（Follow the Water）的旗号。曾是沧海、如今成为荒漠的火星，以及被冰层、汪洋包

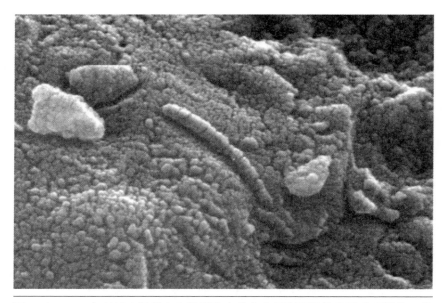

图37.2 1996年NASA科学家麦凯团队宣称在火星陨石结构里面发现的化石化的条状微细菌

裹着的木卫二、土卫二和海卫一,甚至月球两极阴影里残留着的冰,都被慎重地列为探访重点。未来会发现任何生命曾经存在的证据吗?全球屏息以待。

另一方面,大批(太阳)系外行星的成功探测,是天文学近年来的盛事。目前能探测到的系外行星,有一定概率与地球有类似的温度范围,以致有条件演化出我们有限认知里所定义的生命(见第38篇)。这对SETI的论证,额外提供了更宽广的视野、更具体的线索。

外星人的故事,还没正式开演呢!

小贴士

　　地球上已搜集到的数以万计的天外陨石中,迄今已有几十块被认出属于火星陨石。原来临近地球的火星,表面不断被天外飞来的大小陨石轰击，不时迸出的火星物质碎块，有些竟逃逸出火星的万有引力而进入绕日轨道，其中又有一些凑巧进入地球的万有引力"陷阱"，最后掉落到地球上来。认定它们来自火星，是基于其化学成分与维京号火星任务（1976年登陆火星）测量出的火星岩石及大气成分的相似性。月球离地球更近，而且万有引力相对更弱，所以相同情形当然更容易发生在月球上。地球上也已有几十块陨石，较之于阿波罗计划收集的月岩的成分，被辨认出是来自月球的月陨石。有没有从近邻金星来的金星陨石？应该没有，因为不论进出，陨石的力道都被金星厚重的大气摩擦耗掉了。

　　许多陨石（包括许多火星陨石、月陨石）是从南极洲收集到的。原来随机落在南极大陆冰帽上的陨石，万千年来经冰层的搬运而最后巧妙汇聚于冰河下游，这种汇聚地一直是搜寻陨石的科学家的最爱。

38. 柳暗花明有亿村：系外行星

人外有人，天外有天。Hello，太阳系外的行星村民们！

小的时候，他住在遥远的农庄，大家族有众多兄弟姐妹，其乐融融。瞭望周遭的其他农庄，他不禁好奇，那里也都有小朋友在家里玩耍吗？可是，距离太远了，他看不清，也听不见。

自从人类理解了地球是太阳系大家族的行星成员之一，而星星们其实就是其他的"太阳"，"那些星星们有行星吗？"这种关于"太阳系外行星"的想象，肯定在人类的脑海里出现过无数次。可是，我们距离其他星星太远了，看不清，听不见。

直到1995年。两位瑞士天文学家报告，发现一颗行星围绕在恒星飞马座51（51 Pegasi，距离我们50光年）附近。经过公认，天文学界顿时开启了寻找系外行星的热潮。那么，这颗行星是怎么被发现的呢？

打个比方：我们做个玩具，在一根细绳的一端绑住一只小球，另一端则绑定一只发光的大球。把这个玩具快速地转起来，抛到夜空中，大球除了沿抛物线轨迹运动以外，我们还能看见它会来回地晃动。原因是大球和小球之间存在某相互作用力（绳的张力），它们的共同质心做抛物线运动，而它们各自"绕"着共同质心打转。

发光的大球好比是恒星，小球好比是它的行星，作用力是它们之间的万有引力。所以反过来推想：如果观察到恒星有周期性的微小晃动，不就可以间接判定它附近存在行星了吗？（当初双星系统就是这么被发现的！）早自百年前，陆续就有天文学家宣称找到了系外行星。但以当时的观测技术而言，只能勉强说是"疑似"找到而已。毕竟行星质量相对恒星而言那么小，因此恒星的晃动当然极其微小。更糟的是，由于空气对光线的扰动，从地球上的望远镜看出去，星星从来都是微微地晃个不停！

"上下左右"的晃动不堪用。别急：恒星在与观察者的方向上的"前后"晃动，不是会造成光频率的多普勒效应吗？光频率的测量不是非常精准的吗？该方法确实可行，一批系外行星在多普勒效应下陆续现身，但基本上都是尺寸特大，而且相当靠近母恒星（绰号"热木星"）的类型，案例为数不多。

另起炉灶吧！　NASA于2009年发射了一个中型的太空望远镜，名为"开普勒任务"（开普勒就是17世纪发现天体运动三大定律的那位），2018年退役，工作了九年，"成绩单"亮丽惊人！

开普勒望远镜主镜1.4米。它并不是直接对系外行星成像（因为实在太远了！），而是观测行星"凌恒星"，就像从地球看金星或水星"凌日"，从日面前掠过时，母恒星亮度（因为遮蔽）有些许变小，由此来间接反推绕行的行星的存在和相关参数。好比公园的路灯，如果此刻正好有一只飞蛾从灯前飞过，你就会观测到灯光因为被"凌"而暂时变暗些许。而根据这亮度的变化情形，你还可以估计这只飞蛾的大小、飞过的角度和速度等。

开普勒望远镜锁定的视野在银河系的天鹅座，范围只有整个天幕的1/400，其中约50万颗是我们银河系内较临近的恒星，选定其中15万颗以上进行了观察（当然是用自动计算机程序）。九年下来成功确认了2 662颗系外行星。

同时，寻找系外行星的热潮在世界各地开展，诸多地面天文台陆续出炉了数十项观测计划。人造卫星当仁不让，目前进行中以及规划中的任务有大小十几项。ESA于2013年发射了盖亚卫星（Gaia），主任务是对亿万天体的三维位置及运动精密测定,附带目标:系外行星。采用的方法倒又回归到前述的最"原始"的恒星定位,这次不再有空气扰动来"搅局"了。NASA 的凌日系外行星勘测卫星(Transiting Exoplanet Survey Satellite, TESS)于 2018 年发射,是开普勒任务的进阶版,正进行着全天幕搜寻,预期收录数以万计的系外行星。

除了上述的主要方法外,科学家还陆续发展了许多聪明的备选方法,涉及行星的吸热和放热效应、某些相对论效应、恒星周期行为的扰动等,不一而足,甚至直接成像也有过成功的案例。时至 2019 年中,确认的系外行星已多达 4 023 颗,处于 3 005 个恒星系,其中 656 个恒星系有不止一个行星。这些数字无疑会持续快速增加,观测到的情况也会日趋详细——甚至包括散兵游勇型的游荡行星(不属于任何恒星,可能为数甚多),以及有无可能"分兵"追寻更远(超过几万光年)的银河系外行星?

过去,当只有自己的太阳系作为唯一样本时,我们难以对它做出有意义的推论。一颗恒星"有行星"是常态还是特例?"有很多行星"呢?怎样的恒星——大或小的主系星、红矮星、双星系——比较会有行星?"行星轨道很圆"是常态还是特例?木星算是大号的、地球算是小号的,是吗?木星到太阳的距离很典型吗,那地球到太阳的距离呢?行星多是气团还是固体球?许多似乎理所当然的状况,是不是都该追问一句"是这样吗?"

现在,统计样本虽然仍属片面,却数以千计。它们反映了恒星系各个不同的年龄阶层,提供了可信的数据,能够让我们更加理解恒星系的形成和可能的演化,直指我们太阳系的"前世""今生"和"未来"。列举一些目前的统计个案:确认的行星大都远不过四五千光年,最近的 4.2 光年,最远的 27 710 光年;最小的行星不到地球质量的十分之一,最大的估计有木星质量的 30 倍,应该已经属棕矮星了;最年轻的行星 50 万岁,最老的 130 亿岁,直逼宇宙的年龄;行星表面温度,最冷 50 开,最热 7 000 开;行星围着母恒星绕行的轨道半径,最近的是 0.02 天文单位

（1天文单位为地球与太阳的距离，约1.5亿千米），最远的是6 900天文单位；周期（行星的一"年"）最短50分钟，最长100万年。成员最繁的行星家族有八个成员（和太阳系一样）。通过这些个例是否能管窥全豹，请你自行判断。

　　然而，最让人着迷的，无疑是关系到生命演化的问题了。这里，我们又遇上了统计上的孤例问题：我们只懂得地球上的生命机制。从此出发，让我们暂且界定所谓"可生存区"的概念：每一个恒星的周遭都有其可生存区，在此特定的范围内，温度适中、容许液态水的存在。在太阳系里，地球当然就处在可生存区里某轨道上，而其他行星则否（其实就在太阳系的可生存区之外的某些卫星，仍似乎够温暖而且存在液态水——这就另当别论了）。

　　由于可生存区范围相对较窄，大多数的系外行星立刻被摒除在外。合格的行星比率不高，有多少呢？如果以目前已知的统计样本为准，逻辑推算的结果却相当惊人：只是在银河系里（见图38.1），类似地球大

图38.1　我们的银河系（见图版）
这里有几千亿颗恒星，有多少颗行星？宇宙里有千亿个这样的银河系，又有多少颗行星？我们的地球又有多特别？

小的固体球型、环绕着类似我们的太阳或红矮星，同时也处在可生存区内的行星，就有400亿之多！离我们最近（4.2光年）的系外行星就属于这类。目前"最适合生存"排名榜上的系外行星，例如开普勒-186f，距我们490光年，比地球稍大，环绕着一颗红矮星。

然而，"处在可生存区里"并不能就和"有生命"画上等号。可生存区的环境，只是我们所认识的生命的起码条件。真的要产生生命以至演化，显然需要配合其他各种各样的时空条件。今天我们并不知道：我们生存的行星地球上的生命的出现，是必然现象，还是偶然现象？是很普遍的，还是特例？应该不是仅此一家的孤例吧？系外行星的追寻，为这些问题开启了无限的想象空间。

与此同时，一项寻找地外文明的巡天计划SETI（见第37篇），一直就和系外行星的追寻平行进行着。虽然没有明确的直接互动，但它们之间在逻辑上有极强的互补意义，得以相互启发。系外行星普遍、大量地存在，提供了具体的数据支持SETI的理念。反之，SETI的成果一直为零，这让我们反思：是因为没有地外文明吗？还是因为一个科技文明（包括我们自己）的存在如同白驹过隙，寿命太短了？

有一点可以确定：不出几年，回头再看本文，会发觉我们现在对系外行星的认知是多么的初级，所推导出来的结论和想象又是多么的幼稚。也同时会警觉，还有无穷无尽的新的未知，正等待着我们去发掘。

39. 咫尺天涯

在那个空无一物、难以施力的太空里，行也难、止也难！

想要星际旅行？对不起，它的距离太远，你的速度太慢，总体需时太长。那么让我们暂且不好高骛远，把目标锁定在可以到达的邻近场地——太阳系吧。

太阳系大家族有八大行星，与太阳的距离按照提丢斯–波得定则（Titius–Bode's law）倍增（见本篇【小贴士】）。以邻近的火星为例：设想以强大的火箭发射宇宙飞船，先得克服了地球的万有引力（也就是先扣除地球上物体的逃逸速度11.2千米/秒），还能以每秒数千米的速度，一路沿着既定的曲线，少说也要大半年才能到达火星。而且别忘了，朝远离太阳的方向飞向太阳系外的宇宙飞船，一路上还得克服太阳的万有引力，以致越走越慢！那么要去木星、土星甚至更远的行星，岂不要花好几年，甚至十几、二十几年吗？

重力助推（gravity assist）"登场"。

打个比方：小亮以匀速滑冰，爸爸迎面滑过来。两人相遇时，爸爸抓住小亮的手，顺势拉着小亮绕着自己来了一个大回旋，再把小亮"甩"出去。对爸爸而言，小亮先前朝向他的速度与被甩出去的速度是一样的，只是方向被改变了。但在一旁观看的妈妈眼里，甩出去时小亮的速度比原先要大了。这一过程中爸爸当然也付出了相应的动量（作用力等于反作用力，维持总动量守恒），不过他质量大，所以速度改变不明显。

　　现在将这番描述里的"滑冰"改成"太空行进"，"小亮"换成"宇宙飞船"，"爸爸"换成"路径上的某行星"，"妈妈"换成"太阳系惯性坐标"，"手抓住"换成"万有引力吸引"，这段描述就展示了一场精彩的重力助推！

　　行经迎面而来的行星附近而被其重力影响回旋绕行的结果是，宇宙飞船不但改向，而且加速了。于是，虽然得绕些弯、走些冤枉路，但因加速而缩短的行星旅程的时间，往往是很划算的。同样好的是："一律免费"——加速的能量由行星原本的动能供给（而行星损失的那么一丁点动能则对它不及九牛一毛）。当然设计这巧妙的太空"花样滑冰"可不简单，必须借助在时空条件上能设法被利用到的行星，通过精确计算、轨道控制才能办到。

　　这一套动力原理早在20世纪初期就有俄国科学家正式提出。这样的好点子当然在太空时代被大大地发挥了：半个世纪以来，大多数行星探测任务都利用了重力助推。经典的案例，如1970和1980年代NASA那成果令人叹为观止的旅行者1号和旅行者2号利用一路上各大行星一次次的重力助推的加持，得以顺利走访木星、土星及更远的天王星、海王星。由于它们的动能最后都超过了太阳对它的（负）重力势能，如今早已脱离太阳系，奔向茫茫的宇宙了。旅行者1号因而成为人造物中目前达到最大速度和最远距离的纪录保持者。又如1989年前往木星的伽利略号、1997年前往土星的卡西尼号宇宙飞船，它们发射时竟然都是朝向太阳系"内"的方向，先后利用金星、地球的重力助推"甩"出去。卡西尼号途中再安排木星助推一次，于短短不到7年就到达了土星（见图39.1）。

　　重力助推也可以是负值。好比前述小亮滑冰时，爸爸不是迎面而来，而是让小亮从后追上。这样回旋甩出时，小亮便减速了。2004年发射的信使号，目的地是水星。距离并不太远，但为了减少太阳引力造成的不断加速，轨道设计成在地球、金星、水星场域里"终极花式回旋"绕

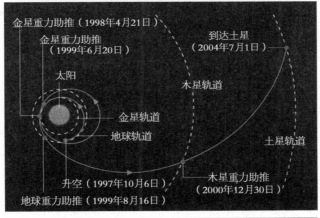

图39.1　1997年发射的卡西尼号宇宙飞船
卡西尼号在太阳系里进行"花式大回旋",利用金星、地球、木星的
多次重力助推而一次次加速,短短不到七年时间就到达了土星。

行,多次借助负的重力助推,让它最终能以较低的速度到达水星,便于
之后的环绕任务,但在路上却花了七年的时间!

　　一旦到达目标行星,不论是以什么速度远远地飞来,宇宙飞船被重
力吸引"打个弯"之后,从行星的立场来看,都是来去对称、马不停蹄地
远远飞走。走马看花式的飞掠任务正是这样。但想进一步对行星进行
长时间、轨道环绕式的探测,甚至登陆的话,又马上面临和前述相反的

问题，同样令人伤脑筋：宇宙飞船此刻的速度太快，动能太大！宇宙飞船得先慢下来才成，可是如何"刹车"？

当然，不管是加速或减速，理论上都可以用喷气这一"蛮干"方式达成。但是需要多带许多喷气燃料，其代价高得吓人——要知道，宇宙飞船每一克质量都是极为珍贵的，多带一千克喷气燃料就得牺牲一千克的仪器设备！那有没有"免费"的"刹车"方式呢？

大气刹车（aerobraking）"登场"。

只要是目标行星有大气层，这方法就用得上。关键在于要通过轨道控制技术，让宇宙飞船的轨道的近星点非常精准地飞掠过行星的高层大气层，利用空气的摩擦（也就是风的阻力），让宇宙飞船慢下来一些。重复这个过程许多次，每一次都可让椭圆轨道更趋近于圆轨道（并且缩短绕行周期），有点类似用石片打出一连串水漂，石片每一次扑打水面就消耗部分动能而慢下来，弹跳的距离也因而递减。

"大气刹车"这主意，听起来近乎痴人说梦。相比"花样滑冰"的重力助推，"大气刹车"好比精准克服障碍的滑冰赛。若进入大气层不够深，则效果不彰。如果事先没有设法慢一点下来（例如使用反向喷气），搞不好宇宙飞船就绕过行星一去不复返了。反之，若进入大气层的深度过了头，轻则把那用来"挡风"的脆弱的太阳能板给吹折（任务也就泡汤了），严重的话宇宙飞船将在大气里坠毁，成为一颗人造的大流星！难虽难，胆大心细的NASA科学家和工程师们绝不气馁！至今已经有多次成功的纪录。第一次是1993年前往金星绕行的麦哲伦号，接着是1997年绕行火星的火星全球勘测者，和2001年绕行火星的奥德赛号（见图39.2）。2017年起一年多的时间里，ESA的火星微量气体任务，也多次利用"大气刹车"来辅助宇宙飞船"由兔变龟"，成功绕行火星。

在这空无一物，而由速度来决定是咫尺还是天涯的太空里，行也难，止也难。然而，正因为这些"难"，造就了一项项科学的创意、工程的实践，以及人类冒险精神的成功。让我们为人类的太空事业喝彩！

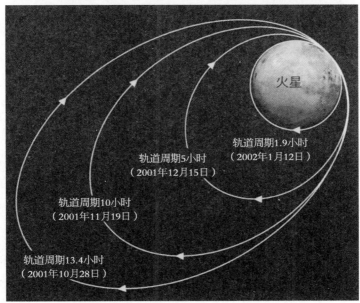

图39.2　2001年绕行火星的奥德赛号
奥德赛号重复数次非常精准的"大气刹车"，让自己逐次慢下来，原先的椭圆轨道也逐次趋近圆轨道，开始了环绕火星的任务。

18世纪，两位天文学家指出当时已知的六颗行星离太阳的距离，似乎是成规律的级数倍增的，据此提出了小有名气的提丢斯-波得定则。以现在的话来说：太阳系八大行星的绕日半径若以天文单位为单位，水星是0.39，金星0.72，地球1，火星1.52，木星5.20，土星9.54，天王星19.2，海王星30.1。很接近如下的规律：

$$行星绕日半径 \approx 0.4 + 0.3 \times 2^m \qquad m = -\infty, 0, 1, 2, 3, 4, \cdots$$

水星对应$m = -\infty$，金星对应$m = 0$，地球对应$m = 1$，以此类推。

这个规律只是现象的描述，并不牵涉任何物理或因果逻辑。然而令人惊叹的是，它不但预料到之后才发现的天王星、海王星的绕日半径，而且竟然很顺利地预测到小行星带的存在！原来，上述的几何级数中显然缺了一个：介于火星与木星之间，需要补个2.8，而这不正是小行星带的轨道吗？可以说"小行星们"原本是准备"调制"一颗行星的原材料，却可能因为受到"邻居"——"大个子"木星的强大重力（潮汐力）不断干扰，而功亏一篑。这么看来，敢情太阳系一族还真有九个行星成员。而相反的，几年前从行星名单中被除名的前任老九——冥王星，其实并不符合提丢斯-波得定则。

提丢斯-波得定则只是巧合吗？或者它其实隐含着某些关键性的信息，默默地陈述着直接关系到行星起源的动力原则？其他的太阳系是否也有类似的规律？多年来，一直没有人能够将它的缘由解释清楚。今天我们拥有超强算力的电脑，也许可以期待，有一天提丢斯-波得定则能在电脑里被成功地模拟出来！

40. "盖棺论定"航天飞机

　　　　　亚特兰蒂斯号航天飞机完成了最后一趟太空飞行任务后,航天飞机的故事正式画上句号。航天飞机"盖了棺",而它的是非成败怎么论定呢?

　　人类对未知空间的大探索,不论缘由为何,曾经一再改变了文明的历史进程。曾经,北亚洲人跋涉茫茫前程成为美洲大陆的主人;曾经,丝路先民串联起了旧大陆的东西文化;曾经,南岛民族乘长风破万里浪殖民了太平洋诸岛;曾经,西方帝国文明船坚炮利的地理大征服把世界带入新纪元……曾经,人类登上了月球远眺地球。

　　然而,规模犹有过之,但净成就往往只落得个"无功而返"的另类探索,是对已知世界的"大翱翔"。表面看似风光辉煌,背后反应的确是劳民伤财,最终无疾而终。明帝国历时近三十年的郑和七下西洋就是令人浩叹的历史案例。美国历时三十年的航天飞机计划则是活生生的现代版案例。

　　航天飞机计划可说是东西方后冷战时期的产物。1970年代,登月竞赛胜负已定,美苏双方都鸣金收兵。获得绝对胜利的美国,接下来顺理成章地要打造新一轮的太空载人飞行事业。应运而生的就是NASA的航天飞机概念:想象把人载入飞行器如火箭般垂直发射,在太空里翱翔个十天半个月,之后再像飞机那样返航降落(见图40.1)。飞行器可以一用再用,甚至所有人造卫星、宇宙飞船的发射都可以通过搭载在

图40.1　各个状态下的航天飞机

（a）航天飞机在佛罗里达州肯尼迪航天中心发射场（也是降落场）；（b）垂直发射为的是尽快脱离大气层。头朝上的白色航天飞机，容纳人员、仪器、设备和载荷。两侧的白色长桶是固态燃料腔，在燃料喷发完后分离、坠入海里，然后回收再使用。中间的棕色巨桶装满液态氢、氧（重达近千吨），在第二阶段喷发，分离后或坠海，或留在轨道成为太空垃圾；（c）航天飞机返航时要靠机身腹部与空气的摩擦消耗掉原有的高速动能，如同一颗巨大的流星。减速后像飞机般在跑道降落；（d）万一返航时肯尼迪航天中心的天气状况不良，必须改降于备用地点——加利福尼亚州的沙漠里的爱德华兹空军基地（利用大面积的干涸古湖面作为天然跑道）。之后再由一架波音747将其"扛"回肯尼迪航天中心。

飞行器上完成。既经济、又高效，完全合乎逻辑。各种载人太空事业得以更上一层楼，太空里的美丽新世界即将展现！

然而现实从来不理会理想。历时三十年的航天飞机计划交出的"总成绩单"诉说了怎样的现实故事？

航天飞机共建造了六架。第一架企业号做了两次滑翔和降落试验后就进入陈列馆。之后正式服役的共五架，建造费用平均每架17亿美元，预期使用次数是每架100次。从1981年起，到2011年为止，五架航天飞机共执行任务仅135次，总投入近2 000亿美元。每一次任务所费不赀，也是航天飞机计划无法自拔的一大罩门。长此以往，即使富强如美国都倍感吃力，不禁要问："值得吗？"

航天飞机计划躲不掉的另一大罩门，是安全方面的要求。计划终止时，五架航天飞机仅剩三架，原因是曾经两次的意外事件（见本篇【小贴士】）。而这两次的"意外"，其实是"意内"。人造卫星或宇宙飞船的发射是极其繁复、严峻的程序，可能导致出现差池的细节、状况所在多有。以无人火箭发射而言，经历多年的历练，已经达到九成的成功率。约一成的失败率，一般也无须大惊小怪（其新闻价值恐怕低于发生交通事故），再接再厉就可以。但是对于载人任务，如有高达一成的失败率，是万万不可接受的，所以航天飞机再怎么精密复杂，都必须不惜代价地保证安全和成功。但事实表明，安全性再怎么提升，也只能做到"百无一失"的程度：在135次任务中失事的纪录仍然发生了2次。举世哀悼宇航员的牺牲，每次事件之后进行调查、改进，整个计划不得不停止两年多。更"要命"的是，这种"意内"的事件往后仍将不断地发生。不得不犹豫：值得吗？

航天飞机计划的科学"成绩单"如何？坦白地说，其实非常惨淡。最为人津津乐道的成果，当数哈勃空间望远镜——它的发射、5次的维修，以及系统更新，都由航天飞机和宇航员完成，让它发挥功能长达25年（于2014年退役），改写了天文学。此外在航天飞机计划早期，曾有一些大型的行星探测宇宙飞船由航天飞机先送入绕地轨道,包括前往金星的麦哲伦号,前往木星的伽利略号,和环绕太阳的尤利西斯号。然而常规性的环绕地球的人造卫星的发射,仍旧由传统火箭担当重任。航天飞机则受限于发射轨道倾角、高度、相应技术的复杂度,以及令人却步的价码,以致在人造卫星的发射项目上少有用武之机会,完全不符合当初对它的期许。

骑虎难下之势在该计划的后半期更是凸显:除了附带的学生科学实验,以及一些少有突破性的微重力或太空环境里的生理实验以外,航天飞机仅剩的重点任务是为国际空间站服务——成为搬运人员、物资、建材,以及垃圾的交通工具。至于国际空间站本身又有哪些伟大的科学意义,又是另一个层次的问题。于是还是得深刻检讨:值得吗?

终于,老旧的航天飞机计划年限到了。它未竟的国际空间站服务任务,得靠俄罗斯的载人火箭来持续进行。对美国而言,昔日的手下败将成了今日仰赖的合作伙伴,历史进程永远是那么的讽刺!

NASA的载人飞行计划下一步怎么走:发展新一代的载具、太空舱?期待与民间企业界合作?如何衔接国际空间站任务,以及更久远的月球和火星探索任务?载人翱翔太空,是探索美丽新世界的美好憧憬还是“食之无味,弃之可惜”的“鸡肋”?当年郑和下西洋壮举的戛然而止,让中国痛失世界海权领先的机会,美国会从中吸取教训吗?美国国会则责成NASA,于2010年先行取消了新一代载人飞行的星座计划,一面静观后效,一面休养生息,准备再出发。

三架退役的航天飞机,以及宇航员模拟训练的大型设备,早已分别运往美国各大航空博物馆。大批工程人员和技术人员被解雇、遣散。世人对航天飞机的惊叹、憧憬,受到的鼓舞、振奋,俱往矣。曲终人散了。

小贴士

1986年1月28日，航天飞机的第25次任务，挑战者号发射升空73秒后，在众目睽睽下爆炸，七位宇航员殉职（见图40.2），其中一位是位女教师，NASA特别安排她上太空，准备为全美国小学生做现场即时的电视教学。失事原因：发射前晚气温过低，致使固态燃料桶内的大橡皮垫圈变硬，从而失去密封燃烧的效果。工程师曾提出警告，希望推迟发射，作业主管予以否决，以致酿成大祸。

图40.2　1986年挑战者号升空时爆炸，七位宇航员殉职

2003年2月1日，航天飞机的第107次任务，即将返航降落的哥伦比亚号在高空中解体，七位宇航员殉职（见图40.3）。原因：早在发射时航天飞机被一小块掉落下来的、很轻的包装材料击中，机翼腹部隔热瓷砖被砸破一角，以致返航时与大气摩擦下机体被高热穿透。这一次工程师掉以轻心，认为那看似轻微的撞击不至于损坏隔热瓷砖，而做出后果严重的误判。

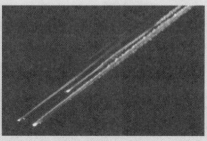

图40.3　2003年哥伦比亚号返航时失事，七位宇航员殉职

41. 太空垃圾知多少

垃圾漫天飞？那是个什么样的恐怖场景！没错，我们的地球外部就是个垃圾漫天飞舞的"垃圾场"。

太空垃圾当然不是普通的生活垃圾，它们都是风光一时的太空高科技遗留下来的抛弃物。它们也不是漫天乱飞，而是"乖乖"地沿各自的轨道在天上运行。麻烦的是：它们的数量千千万万，并且越来越多。而且它们速度极快，被碰着就得遭殃。它们也不听使唤，你拿它们没辙。

哪来的？既然是垃圾，一概是人为造成的。来源林林总总，有寿终的人造卫星，也有把卫星送入轨道所用的火箭的末节，后者还往往自行爆裂成碎块，此外还有太空军事实验产生的爆裂物，以及各种包装或屏罩材料，甚至还有宇航员执行任务时不慎掉落的工具，比如照相机。

人造卫星"寿终"是什么意思？运行在轨道里的人造卫星，"死"与"活"差距不多——只在于它"理不理你"而已。它不理你的原因可多了：电池、陀螺仪、电脑、天线、通信连接、太阳能板、主仪器等，在太空那严酷的环境里（见本篇【小贴士】），坏掉、失灵只是迟早的问题——晚则十年、八年，早则三年、五年。人造卫星"死"后去哪里？哪也不去，它仍在原来的轨道上继续绕地球飞行，可是已经被列为垃圾了。

自从美国第一个入轨的人造卫星探险者1号变身为榜上有名的"太空垃圾1号"以来的半个多世纪，相比眼前上千颗"活着"的人造卫星，人为制造的太空垃圾有多少？超过十厘米的垃圾算大块头，多年来美国空军的北美空防司令部（NORAD）用光学或雷达方法侦测并追踪这些遨游太空的物体（还包括可能闯入地球附近的小游星和彗星块）。被NORAD收录进黑名单的大块头，目前据说多达两万个。小于一厘米的则是小块垃圾，多为碎屑、残余漆片等，多不胜数，大概有几千万件吧。不大不小的垃圾也应该有几百万件。太空垃圾的总重量倒是不难通过记录来估计：所有"寿终"的人造卫星及末节火箭等进入轨道的物件的总重量，扣除已掉回地球的总量，估计目前有五千多吨，大约相当于一个大型城市一天的垃圾量。

它们都在哪？人造卫星轨道按照离距离地球表面的高度可分为三类。绝大多数是低轨道地球卫星（LEO），高度通常不超过1 000千米，绕地周期约1.5小时。但是为了脱离大气层，高度也不能低于三四百千米；另一群运行在赤道上空、半径42 164千米的地球同步轨道卫星（GEO），24小时绕地球一周，用于通信、气象监测等实际应用方面；高度介于上述两者之间的中轨道卫星（MEO）较少，GPS的卫星阵（30颗）是最有名的例子。那么，太空垃圾当然也就遵循着这样的分布（见图41.1）。

低轨道卫星需要以大约8千米/秒（声速的二十多倍！）的高速飞行，其离心力才能够大到可以克服地球重力，维持在轨道运行而不坠落。在这样的速度下，卫星多少仍会受到极稀薄的高层大气的摩擦阻力，从而越绕越低，所以每过个十天或半个月，地面控制台总要指示它耗费一些备用的喷气，以恢复轨道高度。这种情况在太阳活动较强的年份尤其重要（见本篇【小贴士】）。至于"寿终"的低轨道卫星或太空垃圾，都只好听任它越绕越低，最终坠入大气层，这是所有低轨道卫星都逃不掉的最终"宿命"。它们坠落时"回光返照"，一路剧烈摩擦

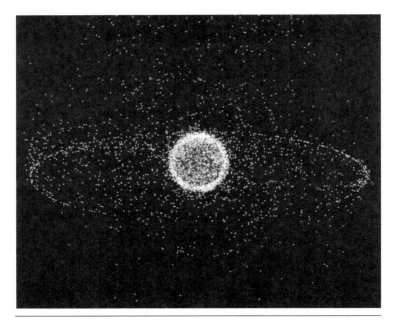

图41.1　太空垃圾的分布

太空垃圾,数量相当之多,大抵分布在三处(如同人造卫星):像蜂群一样
分布在地球周边近地低轨区;像一大串项链分布在赤道上空地球同步轨
道;高度介于前两者之间的中轨道区。图示点代表已知的大块垃圾个别
的轨道"远地"点。

发热,小块垃圾在路途中成为"人造流星"而烧毁、灰烬随风飘散。较
大块的往往先在空中碎裂,来不及烧毁的部分直接撞击在地球表面,
成为人造陨石。

　　太空垃圾成为人造流星、人造陨石的事例,并不少见。后者撞击
的确切地点不到最后阶段是难以预测的,在南北纬度低于该物轨道倾
角的任何地区,都有可能"中奖"——当然多数是掉进海里(只因为地
球表面七成以上是海面),而伤害人类的概率和天然陨石砸到人类的概
率是一样低的。著名的例子:高层大气研究卫星的遥感卫星的"残肢"
于2011年坠落于太平洋中心地区;重力场与稳态洋流探测器卫星于
2013年底坠入南大西洋(见第34篇)。

中轨道卫星数量较少，分布的范围则大为宽广，然而这里的垃圾是十足的"万年垃圾"，因为没有空气摩擦，它们不会像低轨道卫星那样被地球"回收"。同步轨道则又是另一番景象：几百颗卫星像一串项链珠一样在同一个轨道里依次行进，虽然不致"摩肩接踵"，但如果能让它们在"生命尾声"利用最后一口喷气将自身提高到轨道外的"无人区坟场"，亦不失为"善终"。

那么多漫天遨游、不受节制的高速运动的太空对象，互相碰撞也在所难免，互撞速度在10千米/秒的量级上（相当于炮弹的爆炸），这对"活着"的卫星而言不啻是严峻的生存威胁。为了应付众多的小粒垃圾，卫星上一般装有仪器幕罩来保护关键的仪器，但对大块垃圾就没招了。于是多年来就曾发生过多起疑似，或已被证实因互撞造成的不幸案例，"活"卫星被不明物体或已知垃圾撞坏、撞碎。"有名有姓"的一例，是2009年一颗已"死"的俄罗斯Kosmos通信卫星，撞坏了美国的一颗使用中的铱卫星，Kosmos卫星则碎成一大堆垃圾，光是大块的就超过2 000块。载人飞行的"大家伙"国际空间站为了闪避此类互撞事件产生的大块垃圾，有好几次必须通过喷气来调整行径。此外航天飞机也曾经有过数次类似的避撞记录。事实上，每架航天飞机历经多次太空之旅之后，仔细观察，可以看到其表面"伤痕累累"，细微的百孔千疮都是小粒垃圾的"杰作"，这是不为人知的小内幕。

太空垃圾的数量在持续增加，一旦数量多到可引发撞击的连锁反应（像核爆炸反应一样），就一发不可收拾了，这是令人担心的凯斯勒现象（Kessler Syndrome）。国际上虽有要求各国自律的呼声，但效果不彰。关于清除垃圾的各种想法，不乏在技术面可以实现，但涉及国际政治、军事、经费、责任种种问题，也多滞碍难行。

太空就在那儿，从人类的主观角度而言，太空是属于全人类的。当人们逐渐重视生活周遭的垃圾问题时，太空环境里的垃圾问题更是日趋恶化。人类有足够的远见和智慧来面对和处理吗？

小贴士

　　除了人为的太空垃圾，在太空里当然也少不了天然的垃圾——都是些小家伙，例如所谓的微陨石，包括来路不明、散兵游勇式的太阳系内星际尘埃、小粒陨石，而最常见的是彗星在轨道上一路留下的彗尾。有些彗星轨道碰巧与地球绕日轨道相交，那么每年某固定日子，地球进入其范围时，我们就会看到流星雨。对人造卫星而言，这些人为和天然的垃圾都是躲不掉的威胁。

　　太阳风、宇宙射线这些高速带电粒子对人造卫星还会造成另类的威胁。虽然地球的磁场对高速带电粒子有相当好的屏蔽作用，卫星的精密仪器也备有严密的防护，但都并非能够百分之百地避免，所以卫星及其仪器仍时时刻刻受到或多或少的带电粒子轰击，尤其当卫星飞越到地磁场"防护层"较弱的某些地区上空时，电子仪器遭受轰击的可能性大大增加，往往需要重启来恢复。特别是在太阳11年周期中活动较强的年份时，轨道较高的卫星受到的威胁更大。

　　同时，太阳活动较强的年份里，地球稀薄的高层大气会稍微膨胀，加剧了其对低轨道卫星的空气阻力，相对于太阳安静期可以大上好几倍，这对卫星轨道的维持很不利。

42. 地球的奇异小伙伴——月亮

别习以为常，见怪不怪！我们地球的小伙伴——月亮才真是奇异呢！你知道它打哪儿来吗？它又为何是这般行径呢？在仰望着夜空中的月亮、遐想嫦娥玉兔的动人传说之余，你是否想过月亮想告诉我们些什么故事？

首先，月亮还真圆。我们知道这是因为它自身重力的原因——任何一个星体只要质量大到某种程度，假以时日它都会被自己的重力"吸垮"而成为球体，这是物体趋向最低重力势能时必然的结果，这与那些形状不规则的小卫星很不同。

其次，我们注意到：月亮有差不多29天的圆亏循环。古人不解其理，但现代人知道，这是因为月光是月球对太阳光的反射。太阳光照到的半球是亮的，另一半是暗的。圆亏的现象只是因为地球每天观察月亮的角度不相同而已。不论看到月亮是圆是亏，根据圆亏的形状，我们可以推论出：月亮一定是个球形（而不是扁盘状或其他形状）。月亏部分也完全在我们的视线之内，只是因为太暗看不出来罢了。其实天清气朗的晚上，有时确实可隐约看出月亏部分的轮廓，是所谓的地球反照（Earth shine）——地球反射太阳光到月亮，再次反射回地球，被我们看见。

将地月系统绕太阳公转这个因素考虑进去，月亮绕地球一圈的周期实际上是27.3天。于是根据万有引力定律，可推算出月亮离地球约

38万千米，大约相当于地球半径的60倍。再由月盘在空中的大小，就可推知月球的半径约1 700千米，所以月亮在太阳系诸多卫星中算是大号的，甚至比冥王星还大些。相对于地球而言，月亮像是个"小伙伴"，而不是大西瓜与小葡萄的关系（这种"伙伴"关系另一个更突出的例子，是冥卫一相对于冥王星，它们几乎可以说是一个双行星系统）。

再接着，你注意到月亮的"面孔"基本不变——它永远是以同一面朝着地球（然而，地球并不是这样——从月亮上看，地球一天转一圈）。用术语来说，就是月亮的自转周期与绕地球公转的周期完全一样，是27.3天。由于椭圆轨道的几何关系，我们见到的月面，其实是有极小幅度的摆动，好似月亮朝我们轻微地摇头[①]。不止如此，1970和1980年代以来，NASA通过对外行星（木星、土星、天王星等）探测，早已确定：所有大型的卫星公转与自转都是同步的。

这是巧合吗？当然不是。公转、自转同步的原因，早在19世纪就由物理学家揭露了——原来是潮汐摩擦搞的鬼。

在第28篇里，我们了解到潮汐摩擦现象，造成了"地球自转刹车"和"月球远离"——二者是角动量守恒一体的两面。可是这变化一定小之又小，能够量得出来吗？ 1960和1970年代中，美国的阿波罗和苏联的Luna登月计划在月面放置了数台逆向反射镜，多年来"忠实"地把从地面天文台发射的激光脉冲反射回来，以供推算地月距离及其变化。结果显示，月球绕地的轨道半径确实在逐渐增大，每年大约增加3.7厘米。

让我们将时间"倒带"。月亮既然持续地离我们远去，那么在远古时期（几十亿年前）月亮应该与地球极为接近。天文学家乔治·达尔文曾以此为据，于1878年大胆地提出了一项"亲子说"，认为月亮是早

[①] 可参见http://astronomy.nmsu.edu/msussman/PhasesofMoon/01.html上十分传神的图像。

期的地球在快速旋转之下，甩出去的一部分，辽阔的太平洋就是留下的"疤痕"。此学说十分诱人，可以说是一举解释了月球、大陆以及海洋的成因。

同时，套进角动量守恒的公式，就可推知因潮汐摩擦现象，地球越转越慢。地球一日的长度正以一个世纪约2毫秒的速度在增长。对地球"老大哥"来说，这小小的潮汐摩擦并不是很严重。但反过来地球当然也对"小老弟"月亮产生潮汐摩擦。对月亮而言，这摩擦却强到早已让它的自转"停摆"了！以术语说，是月球达到了重力势能最低状态——结果就是我们所见到的月亮"面孔"永远不变。

"嫦娥姑娘"面朝着我们，依依不舍地逐渐离我们远去。可是，这是她自己营造的潮汐摩擦啊。故事里的嫦娥不也是这样吗？她的飞升，正是因为偷食了后羿的长生不老药。她对地面老家"碧海青天夜夜心"的留恋，正像月亮对地球"千丝万缕"的重力牵引吧。

同样的潮汐摩擦现象，也发生在水星与太阳之间。由于水星过于接近太阳，受到太阳强大的潮汐摩擦作用，其自转早已"停摆"了。只不过它并没有"停摆"到自转周期与公转周期之比成为1:1，而是2:3（但也对应着重力势能的相对极小值）——以地球的"天"为单位，水星自转一周是58.6天，绕太阳公转一圈（水星年）是88天。导致的结果是水星的一昼夜是水星的两年！（有兴趣的读者可以自行推敲。）

你可能又注意到：空中的月亮和太阳的"盘面"几乎一般大。可不是吗？日全食的时候，月亮刚好满满地遮住太阳，仅在有日环食的场合稍稍露出边圈。这只是因为它们的直径和它们与地球距离的比例，正好一样，这的确是巧合。事实上，由于潮汐摩擦现象，月亮不是正在离地球逐渐远去吗？所以远古时期看到的月盘比现在大，而将来会比现在小。

这项巧合，倒还产生了另一个有趣的结果。原来前面提到的潮汐力，与太阳、月亮的质量成正比、太阳或月亮对地球距离的3次方成反比，而质量又与球体直径的3次方成正比。最终的结果是：太阳或月亮对地球造成的潮汐大小差不多。而月潮是日潮大小的两倍左右，只是因为月球的密度比太阳大些。

当然，要真正了解月亮，仍须从它的"身世"说起，这就不是显而易见的了。月亮是打哪儿来的？

百多年来，天文学家、物理学家产生过三派理论（见图42.1）。一是前述乔治·达尔文的"亲子说"。二是"手足说"：太阳系的行星等各个星体，包括月亮和地球，当初都是由于物质重力凝聚而在轨道里各自形成的。此说的代表人物是罗什（E. Roche）。三是"配偶说"：月亮在太阳系中其他地方形成，很早以前碰巧经过地球附近，被地球借助万

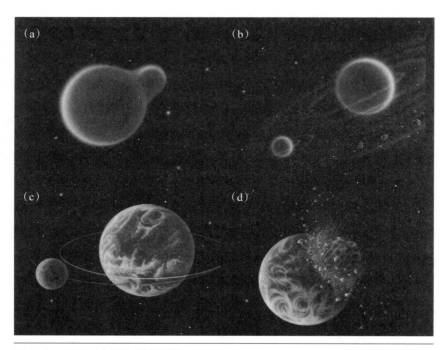

图42.1   月亮的来源有四套理论
（a）"亲子说"；（b）"手足说"；（c）"配偶说"；（d）"大撞击说"。

有引力捕捉住的。这想法早在1664年就见于笛卡儿的著作（当时他已过世），1909年由塞（T. See）提出。这些说法的机制都得靠重力和旋转离心力的互动配合。要让这些机制成立，却总是困难重重、漏洞层出不穷。

1960年代，通过宇宙飞船绕月轨道推算得知：月亮平均密度约3.3克/厘米^3，仅是地球的60%。显然月球基本上全是岩石质，而不像地球那样有个硕大的铁质核心。随后在NASA的阿波罗计划中，宇航员登月采回月岩标本，显示月岩和地岩之间的某些相似性及相异性，这些令前述三种说法都雪上加霜，越发站不住脚。例如，月亮没有铁质核心，很难让"手足说"和"配偶说"自圆其说。月岩化学成分与地球地幔成分的差别，又很不利于"亲子说"。而二者岩石中氧元素同位素比率的相近，也难以解释。

1970年代，开始有科学家另辟蹊径——月亮会不会是地球遭其他星体大撞击的后果？　1980年代科学界逐渐认识、并重视到各种大撞击事件对太阳系各物体演化的决定性的影响。1990年代，大型电脑开始普及，在这虚拟的世界里，根据物理原理和数学运算，大撞击的整个过程终于被科学家成功地模拟出来——月亮在电脑里"复制"产生了！

回到46亿年前——太阳系刚形成的"婴儿期"，混沌初开，大大小小的行星在重力凝聚之下逐渐成形，包括地球的前身，熔融的铁质沉入地心成为铁核。那时候重力秩序未定，"群雄兼并"，大小撞击事件是常态。有那么一次，一个大如现今火星的行星竟然和地球撞个满怀。由于该行星比地球小一号，被撞成粉身碎骨，混入地球外层被撞的物质中。这些物质相当大的部分落回到残缺的地球，一小部分逃逸到外层空间，其余大约1/4～1/2的物质则飞入（或可说被"捕捉"或"陷在"）地球周遭的轨道里，好似今日土星的环。经过重力的持续作用，地球的"创伤"逐渐愈合，而轨道环里的碎物质也逐渐凝聚（这过程虽经千百万年，但也只是宇宙间的一瞬），成为我们今天的月亮。

　　"大撞击学说"十分完善,而且大幅度地符合几乎所有重要的已知数据。困扰着其他理论的反面证据,反倒都成了"大撞击学说"的正面佐证,包括前面所述,月亮上较轻的岩石物质、与地球相近的化学成分,以及为什么月亮是这么大。甚至包括其他一直百思不得其解的困惑,例如地月系统的总角动量为什么这么大,地球的自转为什么是"斜"的(赤道面偏离黄道面多达23.5°)——显然是当初给"撞歪"的!更进一步,火星为什么也和地球一样也是"斜"的,金星为什么反向自转,都其理可稽了。

　　人们常说,自从人类探月活动以来,我们看到的是月亮疮痍满目、冷热极端的苍凉世界。揭开了"月姑娘"的神秘面纱,却对月姑娘的美丽遐想从此断灭。我倒觉得正好相反。遐想是主观、表面的,而科学探索迎来的却是一章又一章更耐人深思、浩瀚的自然之美,等待着你去了解、去发现。这不是更令人激动吗?下次你仰望月空,会不会触发更丰富、更深刻的遐想呢?

43. 冰下之水、水下之火：水深火热世界

在太阳系里已经发现了几个"水深火热"的世界，木卫二（又叫欧罗巴）便是其中一个。这些天体不正是原始生命孕育的最佳场地么？

1989年，NASA的伽利略号探测器搭载着各种仪器、怀揣着人类对科学探索的渴望，乘上航天飞机，挥别了地球。继而独自奋力飞向太阳系的最大行星——木星。一路上经过金星、地球的三度重力助推（见第39篇），1995年到达，开始了为时八年的环绕木星的探测任务（见图43.1），最终执行了壮烈的"告别仪式"——进入紧接着焚毁于木星的大气层里。

伽利略号的任务中，针对木卫二的观测是一项重头戏（见图43.1）。木卫二是伽利略发现的木星的四颗卫星中最小的，半径1 561千米，比我们的月亮略小（其他已证实的木星的小卫星不下于60个，而通常所称的木卫二其实应该叫木卫六）。

完全不似其他"兄弟"卫星们的古老地表布满了外来陨石撞击形成的坑疤，木卫二的表面光滑而呈现条纹状，令人惊艳（见图43.2）。其实早在1979年旅行者2号执行飞掠任务时就对木卫二有过惊鸿一瞥。如今科学家认定：这表面是一层冰壳，也许厚达数十千米。长短不一的条纹是冰壳的裂隙，估计是受到冰壳下方物质的鼓动而开裂形成的。那么冰壳下方是什么呢？应该就是掺杂着各种矿物质的液态水，估计

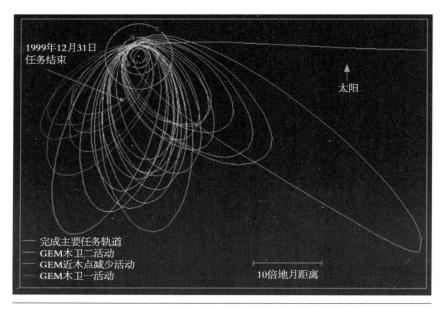

图43.1　伽利略号的木卫二任务（Galileo Europa Mission，简称GEM）及主要任务之旅（引自NASA，见图版）

八年间，在环绕木星（左上小红点）时近时远的大椭圆轨道上，伽利略号陆续邂逅、就近造访了多个卫星（包括左上圆形轨道显示的）。轨道的浅蓝色部分是针对木卫二的。图右下的尺度作为参考，显示10倍的地月距离。

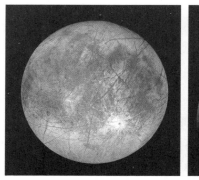

图43.2　木卫二的近距离照片（伽利略号所摄，引自NASA）

是个深达100千米的"海洋"！这是个深深的"冰下之水"的世界！

其实这样的"冰下之水"，在温暖的地球上也有——南北极的海冰，只不过是具体而微。厚度仅有几米的冰体，漂浮在深仅数千米的海水之上，而其面积逐年递减，正是现今全球环境变迁最明显的体现，不在话下。

离太阳那么远、那么冷的地方，表面结起厚厚的冰层可以想见。可是冰下却有海洋，那么总该有热量供给来维持海洋不冻结吧？答案是：潮汐摩擦（见本篇【小贴士】）。"主子"行星对其卫星施与的潮汐摩擦影响深远。以木星为例，距离最近的木卫一在强大的潮汐力作用下，内部潮汐摩擦产生的热，竟让它拥有大规模的火山多达四百多座，荣登太阳系里"地质活动剧烈"的第一名！木卫二的海洋的存在，也是因为受到木星潮汐不断地搅动生热所致。其原先的动能主要源自木卫二绕木星公转轨道的椭率——通过潮汐作用，动能持续消耗（变成热）的结果是轨道逐渐趋于圆形。

那么，在表层的冰、海之下，木卫二的岩质的主体内部（甚至很可能还包藏了一个不算大的铁质地心），是不是会像木卫一那样，虽不及其剧烈，可多少有足够的潮汐摩擦热，带动某种程度的地质活动？想要解答这个问题，得靠计算机的数值仿真了——依据科学家给定各项相关的物理条件，利用计算机遵循动力学的原理，进行繁复的计算。最近的计算结果不出所料，木卫二的内部能够产生足够的"地热"，加上岩体里原来就含有放射性元素产生的核能，其"地热"可以达到"水下有火"的等级——海底地壳脆弱的地方可能会冒出岩浆，成为海底火山。当然，这样的"水下之火"，在地球上是屡见不鲜的，例如海底个别的火山群，以及绵延万里的洋中脊。

这种"水深火热"的场景，却启发了人类无限的遐想：话说1980年代以前，限于当时的知识见闻，人类以为光合作用是地球生物制造基本生物质能的唯一方式，整个生物链赖之为生。殊不知，1979年科学家的

298 一个地球人的科学手记

一次海底探查,在水深两三千米的东太平洋的洋中脊(板块扩张处),发现强大的海底热泉,多个泉口附近赫然有生气蓬勃、前所未见的物种密集。原来在阳光达不到的深海里,它们的生命方式不是靠太阳能的光合作用,而是取用热泉里的物质(例如硫化氢)含有的化学能,进行化学合成制造生物质能。大自然的奥妙又一次地给人类好好地上了一堂启蒙课。那么,木卫二的海底火山,可否、曾否以类似的方式,孕育出过生命? 甚至,木卫二的海洋里是否可能发育出不为人知、人类无从想象的其他形式的生命?

凭借着努力得来的有限观测,基于对自己居住的地球的科学知识,发挥"推己及人""见微知著""举一反三"的功夫,求得"八九不离十""想当然耳",甚至属于"自以为是"的推论,这就是人类想要认识太阳系行星家族成员的"不二法门"。朋友们,有兴趣加入这精彩的"福尔摩斯探案工作"吗?

小贴士

潮汐是什么? 字面上明摆着,是指一天"朝夕"两次来回的"水"。简短版的定性叙述是:以地球而言,地月(或日地)之间的万有引力绝大部分用来让月(地)球绕着地球(太阳)公转。余下的部分供给了所谓潮汐力,或大或小地施加在地球随着其自转的不同部位,如此整个地球就像个面团一般被潮汐力轻微地"揉捏",以致规律性地、轻微地来回变形。海水的潮汐变形,就是我们熟悉的海潮。月球制造的潮汐比太阳的略强2.2倍,这是因为潮汐力(作为余下的部分)与距离的3次方(不是2次方)成反比。一般而言,最显著(视纬度而定)的是半天的月潮,一轮涨落的周期约12小时25分钟,这是月出周期的一半(你知道吧,不论是在白天或晚上,每天月出的时刻,要比24小时前的月出晚约50分钟)。

　　有形变就有摩擦，有摩擦就有动能消耗产生热。地球里的潮汐摩擦就借此不断地将地球自转的动能转化为热而最终耗散掉，因而长期以来地球愈转愈慢（见第28篇）。在能量转化过程中，我们可以用人为的方法介入（例如海潮发电），顺便将其借用为能源。

　　而对月球而言，地球造成的潮汐更是强大，其潮汐摩擦早就让月球的自转停摆了。结果就是月球的"同步自转"——月球以固定的一面朝向地球（见第42篇）。而必然的，其他各个行星的卫星们，在正常情况下也一律同步自转，以固定的一面朝向"主子"行星做公转。本文所述就是潮汐摩擦在卫星内产生热的现象。

44. 湖: 葫芦壶里 "胡里胡涂" 的湖

> 这一群怪异的湖, 谁也没亲眼见过。湖底根本不是地, 湖里也根本没有水! 然而, 科学家的最新结论是: 这些湖可深达一百多米……

这些湖不在地球上, 它们在另外一个世界——伟大的土卫六 [又叫泰坦 (Titan)]。

话说1997年, 不让伽利略号专美于前, 在NASA和ESA的连手下, 卡西尼号宇宙飞船飞向太阳系的第二大行星——土星。经由金星、地球、木星的四度重力助推, 仅7年就到达并进入环绕土星的大椭圆轨道。在随后长达13年的任务里, 除了对土星本身和土星环的探测之外, 陆续造访了土星外大大小小的十多个卫星 (不怎么亮的 "月亮"们)。其中包括土卫六, 前后达上百次。

土卫六是太阳系第二大的卫星 (见图44.1), 半径2 575千米, 大小仅次于木卫三, 比作为行星的水星还大。土卫六是唯一拥有自己的大气的卫星。为此, 科学家为卡西尼号额外安排了一场 "重头戏"——卡西尼号携带一件命名为惠更斯号的登陆仪器组 [惠更斯 (C. Huygens)是改进望远镜, 并于1655年发现土卫六的荷兰科学家], 届时将释放惠更斯号探测器登陆土卫六做实地探测。2005年1月14日, 惠更斯号探测器借助降落伞在土卫六地表软着陆。一路上从迷雾般的大气层, 到逐渐清晰地看到近地表, 继而着陆。整个过程持续了两个半小时

图44.1　大气层下的土卫六（左下）与地球、月球的大小比较（引自NASA）

（受电池寿命所限）[①]。之后发现着陆点似乎是在一处湖岸附近（见图44.2）！

　　抱歉，这里并不是什么山水盈盈的世外桃源。土卫六的大气层比地球的还要厚重，97%是氮气，其余基本上是甲烷。因为距离太阳远，土卫六接收到的太阳光强度只及地球的1%，以致表面平均气温低至−180 ℃！（而且要不

图44.2　惠更斯号登陆土卫六后的所见（引自NASA）
这是被水流冲刷过的砂石地吗？科学家的答案会令你大吃一惊！

————————

[①]　见 https://solarsystem.nasa.gov/missions/cassini/science/titan/。

是因为温室气体甲烷的作用,气温会更低。)甲烷(在一个大气压下)的沸点,也就是凝结点是−162℃;所以,你可以想象:土卫六上是会下雨的,而且下的是"甲烷雨"。那么冷的空气下没有水汽,是不会下"水雨"的。如果落下的"甲烷雨"够多、并且气候条件稳定的话,不是会汇聚成湖吗?那么,土卫六上不就可能会有湖吗?而湖"水"不是水,是液态甲烷! 早在40年前,NASA科学家们根据旅行者1号飞掠土星时的短暂观测,就已作如是猜想。土卫六是地球以外唯一在表面可以找到液态物质的天体!

　　于是,在后续几次与土卫六轨道"邂逅"的机会中,卡西尼号受命,针对土卫六的表面——包括尚且"身份不明"的湖群——进行系列探索。既然可见光透不过土卫六的大气,那就得依赖主动式的遥感——雷达,穿透其大气来一探究竟了。卡西尼号携带了高分辨率的合成孔径微波雷达,其基本的观测方式是根据雷达的反射波形的不同,来分辨平滑的液体表面和崎岖不平的固体表面。集合了多年的观测数据,出炉了图44.3所示的大拼图:显示土卫六北极附近湖群密布,竟然有80多个。

　　为什么湖群都出现在高纬度的极区? 应该是因为土卫六的极区比较湿润,容易"下雨",这是它的气流形态所决定的。那为什么南极区却又没有湖? 似乎是因为那里的夏天相对比较"暖",其"降雨"因蒸发而无法形成湖。

　　最大的三个湖干脆被称作"海"(拉丁文的 mare)。命名为克拉肯(北欧神话里的海怪名)的海,面积广达40多万平方千米,比地球上最大的咸水湖——里海——还略大,比地球最大淡水湖——北美洲的五大湖——加起来更要大上一倍。

　　湖有多深呢? 合成孔径雷达再次发挥长才。原来雷达波除了主要在湖面的反射外,也会有少量的微波穿透液体,直达湖底,成为继主要反射波后的第二反射波。根据两种波反射回来的时差就可换算出湖的深度(所谓透地雷达也就是基于这个道理)。卡西尼号的这项观测可遇

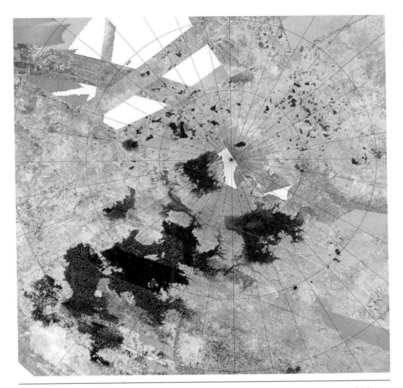

图44.3 卡西尼号的合成孔径雷达观测大拼图（引自NASA，见图版）
土卫六北极附近湖群密布，有80多个。最大面积的湖叫作克拉肯海。图中色彩是人为上色，用于呈现表面平滑度的不同，蓝色的深浅用于呈现湖的深度（数据不周全，故呈条带状，并有白色空缺处）。

不可求，为数不多。最新的结果：三个湖的平均深度超过百米，个别地方可以深达170米。还附带显示出各处湖底的地形，有的平坦（好像河口、海湾），有的陡峭（好像峡谷），不一而足。

第二反射波还有"压箱奇招"：在穿透液体、被湖底反射的过程中，总有部分的能量被液体吸收，导致一路衰减。而吸收率与液体的物种成分有关，根据这个原理，科学家得到结论：土卫六的各个湖里的主要成分有七八成确实是液态甲烷（其余是液态乙烷，以及少量的液态氮），更加证实了这些湖确是甲烷降雨汇聚而成的。

还有更奇妙的！回到图44.2——那不就是水流冲刷过的砂石地吗？意思是对了，但面对那个严寒的世界，你得把"水"换成"液态甲烷"，"砂石"换成"大大小小、杂七杂八、碎落的冰块"，"地"换成"冰冻壳"！原来，土卫六的地表根本不是地，而是水冻结而成的厚壳，估计厚达一两百千米。科学家又仔细分析了土卫六自转和重力的观测数据，结果表示：在厚冰壳底下，似乎是一层液态的"海洋"，也厚达上百千米！其成分是水吗，还是混合了甲烷或其他元素？一层又一层的问题在等着我们继续探索！

小贴士

且慢！甲烷不就是所谓的天然气的主要成分吗？土卫六上的整个湖里都是液态甲烷，岂不极易引发大爆炸吗？土卫六冷虽冷，但只要随便有个闪电，或闯入个屡见不鲜的陨石，就会和大气摩擦产生高温、从而引燃爆炸，不是吗？请放心，由于没有生物作用（例如地球上有植物的光合作用），土卫六的大气里几乎没有氧气（仅含有微量），自然就不会发生爆炸了。

没有生物并不代表没有有机物。甲烷是最简单的碳水化合物。生物作用可以轻易制造出它，例如在地球表面的生物质能甲烷，几乎无处不在。甚至完全无机的岩矿化学热反应都可以生成甲烷。而甲烷的简单，更让它成为星际原始物质的一员（水分子是另一员）。土卫六以及许多其他行星、卫星表面聚集的或多或少的甲烷，应该都是星际原始物质。而其他林林总总较为复杂的碳水化合物（例如文中提到的乙烷），则是甲烷和其他气体分子（如氮气、水等）在阳光的光子轰击下聚合而成的。

打算把那些甲烷弄回地球当能源？别傻了！倒是可以想想：有朝一日登陆时，是否能就地取材利用它作为当地的能源，或是合成物质的原料。

45. 天上人间：蓝色的弹珠

启自人间，航向天边。那一叶"方舟"，在茫茫太空中"回眸而顾"，由近而远，为人类发现了一个崭新的地球。

那时我还在NASA工作。有一回翻阅当时读小学的女儿的家庭作业，不经意地看到她的美术课的画作——《我的家园》（见图45.1左），令我一时感慨万千。除了"到底不愧是NASA科学家的女儿"的一点自我良好感觉以外，我想到的是自己当年上小学时，对于"我的家园"这类主题的作画，大抵不外图45.1右那般。两个孩子心目中对"家园"的认知有着强烈对比，突显了两代间教育的进步和成功，也见证了背后

图45.1　两代人的画作——《我的家园》（见图版）
左图是我女儿在美国读小学时的美术课家庭作业《我的家园》；右图是模拟我在小学时的画作《我的家园》（由我授意、我女儿代为绘图）。两幅图形成强烈的对比，见证了两代间教育的进步。

值得骄傲的科学进展。

图45.2拍摄时间是1972年12月7日,介于上述两代画作之间。这是NASA宏伟的阿波罗登月计划的最后一次任务。在此之前已经成功登月五次,而此行完成后,人类的一轮登月行动即将画下句点。此刻,阿波罗17号已从地球出发航行了五个小时,距离地球45 000千米。太空舱里三位宇航员前后为地球拍摄了好几张全景照片,并发回地球。根据事后判断,图45.2的拍摄者应是施密特(H. Schmitt)。他身为地质学家,是第12位也是迄今最后一位踏上月球的宇航员,后来当选过一任(六年)美国联邦参议员。

图45.2   阿波罗17号宇航员摄于1972年的经典照片《蓝色弹珠》(Blue Marble, 见图版)
褐色大地,蓝色大海,白云和气旋云系覆盖着南极洲的皑皑冰层。此刻太阳在拍摄者的正后方,照耀着"满地"。你能很轻易地辨识出照片里的地理位置吗?你能否根据照片的场景做出如下的判断:时节是南半球的夏季,而五个小时前阿波罗17号从美国东部佛罗里达州(卡纳维拉尔角)发射时,约是当地的午夜时分。

　　12天后，完成了登月任务回到地球的他们，发现世界各地的"乡亲们"竟然正在"疯传"该照片。各界争相报道、评论；民众无不惊叹，部分民众继而转为反思；商人则照例趁机大发利市，热卖复制的画报、印着照片的衬衫（NASA认为它的科学成果是属于全人类的，欢迎转载，不存在所谓的版权、版税问题）。照片本身则被冠以《蓝色弹珠》（Blue Marble）的雅号（地球有个绰号叫作"Blue Planet"，而"Marble"一字原义是大理石，此处用以代指儿童玩耍的彩石弹珠）。

　　为什么引起如此大的轰动？先前也曾有人造卫星及宇航员拍摄过远距离的地球照，但从未如此完美、如此彩艳、如此传神，给初睹此情此景的人的内心带来如此强烈的震撼。人类顿然惊觉：我们的居所，只是悬浮在苍穹间的弹丸。人们得以从身外的角度看到，竟日汲汲营营的人类社会，全都只存在于那颗蓝色弹珠的表面，笼罩在细薄如蝉翼的大气层里，也并没有地球仪上那些被强调的人为国界。蓝色弹珠是大家共同拥有、共同享用的家园，是唯一的、赖以生存、离不开的家园。它庄严美丽，令人目眩神迷，却又精致脆弱得几乎吹弹得破。

　　1970年代刚开始萌芽的环境保护意识，受到《蓝色弹珠》极大的鼓舞。很快地，这张照片成功地成为环保宣示的代言图像，无远弗届、所向披靡，对于尔后全球环保运动的风起云涌厥功至伟。虽然无从统计，但要论人类史上流传最广的真实照片，恐怕非这一张《蓝色弹珠》莫属。

　　NASA于2002年推出新版的《蓝色弹珠》。这回可不是某时某地"咔嚓"一声就搞定的，而是借助电脑影像处理技术，将一系列人造卫星的遥感照片"缝制"而成的大拼图。2005年NASA更上一层楼，"如法缝制"，推出"新世代"《蓝色弹珠》——12幅精美绝伦的图像，以单像素相当于0.5千米的分辨率，完整记录了地球在季节变化下，一年12个月的全球拼图[①]。

---

① 见http://earthobservatory.nasa.gov/Features/BlueMarble/。

其实更早的另一张《冉升的地球》(Earthrise)，就曾经预告了太空照片震撼心灵的威力。那是1968年的圣诞夜。NASA的阿波罗8号正进行头一遭载人绕月飞行的任务，指挥官博尔曼(F. Borman)在调整宇宙飞船面对地球的姿态时，趁机拍得了一张地球正升上月平线的照片。当时他对旁边两位埋头工作的宇航员说："老天爷，瞧这景。地球正升上来，可美极了。"安德斯(B. Anders)回应说："喂，别拍了，这又不在行事表里……"博尔曼笑喊洛弗尔(J. Lovell)："你那可有彩色底片？"安德斯也说："那卷彩色底片递给我，拜托快。"洛弗尔赞叹着："哇，真美……"

就这样，《冉升的地球》诞生了（见图45.3）。美国邮政局1969年使

图45.3　《冉升的地球》(见图版)
1968年阿波罗8号宇航员在绕月任务中拍摄，前景是月球表面。相信你可以由照片的场景判断出：1）太阳此刻在前上远方，照耀出"一轮弦地"；2）拍摄地点在月球正面（朝地球这一面）某处的上空（否则就见不着地球了）；3）当时是南半球的夏季（提示：地球的南极是朝着左上方，处于半年永昼里）。

用该照片为图案,发行了邮票。《时代》周刊2003年出版的《改变世界的100幅照片》里称它是"环保史上最有影响力的照片"。

　　把镜头拉到更远,让我们看看另一张也许更加发人深省的照片,1990年拍摄的《暗淡蓝点》(Pale Blue Dot,见图45.4)。拍摄者是无人宇宙飞船旅行者1号(Voyager 1)。旅行者1号于1977年驶离地球,探访了木星及土星、得到辉煌的科学成果后,1980年继续航向无际星空,目前早已成为离地球最遥远的人造物。1990年上半年,经过天文学大师、科普作家萨根(C. Sagan)一再地提出请求,NASA同意下指令让旅行者1号"回眸",陆续拍摄了60张太阳系"大家族"各个行星的"全家

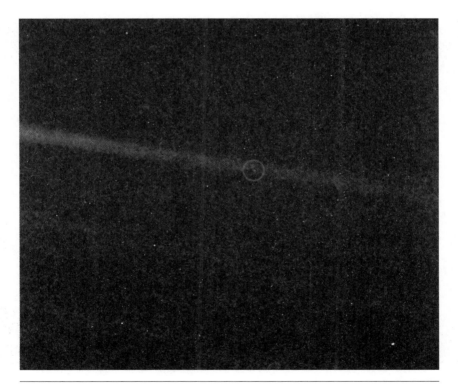

图45.4　《暗淡蓝点》(见图版)
1990年摄自无人宇宙飞船旅行者1号,距离地球60亿千米。图中圆圈标出的细点就是地球(有色彩的条纹只是照相机镜头反光造成的),你认知里的全世界就在那里。

福"。《暗淡蓝点》摄于2月14日,那时旅行者1号距离地球已达60亿千米,约40个天文单位,单单用无线电波把影像传回地球,以光速行走,就得花上五个半小时。

"暗淡蓝点"就是我们的地球,在茫茫无边的宇宙中一个孤零零的"细点"。萨根以之作为他1994年出版的一本著作的名字。正如萨根所论,这张照片的科学意义并不大,但是它的人文含义深刻而沉重。所有亿万年的生物演化,所有我们人类曾经有过的战争、政治、宗教、文化,帝王将相、贩夫走卒,所有人间的喜怒哀乐、爱恨情仇、生老病死、美丽丑恶、剧变灾难,一切都发生在那个"细点"的某个小角落。

几张得来不易的照片,都在邀请地球人思考:人,在宇宙中的定位,到底是什么?